Verena Lemnitzer

Integration durch Ausbildung

Die Bedeutung der pädagogischen Begleitung bei jungen Flüchtlingen in der Berufsausbildung

Bibliografische Information der Deutschen Nationalbibliothek:

Die Deutsche Nationalbibliothek verzeichnet diese Publikation in der Deutschen Nationalbibliografie; detaillierte bibliografische Daten sind im Internet über http://dnb.d-nb.de abrufbar.

Impressum:

Copyright © ScienceFactory

Ein Imprint der GRIN Verlag, Open Publishing GmbH

Druck und Bindung: Books on Demand GmbH, Norderstedt, Germany

Coverbild: GRIN | Freepik.com | Flaticon.com | ei8htz

Inhaltsverzeichnis

Vorwort und Motivation für das Thema

Im letzten Jahr 2015 sind viele Flüchtlinge aufgrund des Syrienkrieges, der unsicheren Situationen in Afghanistan und in anderen Regionen dieser Erde, nach Deutschland geflohen. Auch Perspektivlosigkeit, Hunger oder der menschliche Wunsch nach einer gesicherten Zukunft trieb Flüchtlinge aus aller Welt nach Europa und nach Deutschland. Sie trafen in unserem Land auf eine Willkommenskultur, die von der Bundesregierung aber auch von großen Teilen der Zivilbevölkerung getragen wurde. Auch wenn die Willkommenskultur von Teilen der Gesellschaft mittlerweile skeptisch betrachtet und von einigen politischen Akteuren destruktiv in Frage gestellt wird, stellt sich nach wie vor die Frage nach einer gelingenden Integration der Flüchtlinge. Insgesamt sind sehr viele junge Menschen zu uns gekommen. Viele von ihnen werden für eine lange Zeit hier bleiben. Deshalb ist die berufliche Integration eine der Hauptaufgaben, die wir als Zivilgesellschaft bewältigen müssen. Unterstützung erfährt die Integration von politischer Seite, aber auch aus der Wirtschaft. Fachkräftemangel, nicht besetzte Lehrstellen und der demografische Wandel sind Themen, mit denen sich das Industrieland Deutschland auseinander setzen muss. Hier könnte die berufliche Integration der Flüchtlinge mildernd wirken.

Als Studierende der Erwachsenenbildung interessiert mich besonders die Thematik Berufsausbildung. Seit mehr als sieben Jahren arbeite ich in der Jugendberufshilfe und unterrichte Auszubildende parallel zur Berufsschule in kaufmännischen Fächern. Die Berufsausbildung von jungen Flüchtlingen ist ein Schlüssel zur erfolgreichen Integration. Sie ermöglicht den jungen Menschen eine Perspektive in Deutschland, die Teilhabe am deutschen Arbeitsmarkt und die damit verbundene Partizipation an der sozio-kulturellen Gesellschaft in unserem Land.

Das Schicksal der vielen Flüchtlinge hat mich persönlich berührt und mich dazu bewegt, mich in der Flüchtlingshilfe zu engagieren. Begonnen habe ich als ehrenamtliche Deutschlehrerin. Mittlerweile arbeite ich hauptberuflich als Pädagogin bei der Caritas Ludwigsburg und begleite junge Flüchtlinge während ihrer Berufsausbildung. In Ausübung der ehrenamtlichen und hauptamtlichen Tätigkeit in der Flüchtlingshilfe ist mir aufgefallen, dass die wissenschaftliche Auseinandersetzung mit der Berufsausbildung junger Flüchtlinge noch sehr dürftig ausfällt. Daher möchte ich mit dieser vorliegenden Arbeit einen Beitrag dazu leisten.

Abkürzungsverzeichnis

abH	ausbildungsbegleitende Hilfen
Art.	Artikel
AsylbLG	Asylbewerberleistungsgesetz
AsylVfG	Asylverfahrensgesetz
AufenthG	Aufenthaltsgesetz
BAB	Berufsausbildungsbeihilfe
Bafög	Bundesausbildungsförderungsgesetz
BAMF	Bundesministerium für Migration und Flüchtlinge
BeschV	Beschäftigungsverordnung -Verordnung über die Beschäftigung von Ausländerinnen und Ausländern
bspw.	beispielsweise
BW	Baden-Württemberg
EU	Europäische Union
GG	Grundgesetz
IHK	Industrie- und Handelskammer
SGB II	Sozialgesetzbuch II
u.a.	und andere
UNHCR	United Nations High Commissioner for Refugees
UNO	United Nation Organisation / Vereinte Nationen

Abbildungsverzeichnis

1 Einleitung

Immer mehr Menschen flüchten wegen politischer Verfolgung und kriegerischer Konflikte aus ihren Heimatländern. Nie zuvor waren so viele Menschen auf der Flucht wie heute - mehr als 65 Millionen. Sie begeben sich auf gefahrenvolle Fluchtwege um der Unterdrückung und Verfolgung, der Gewalt und Menschenrechtsverletzungen zu entkommen (vgl. www.bundesregierung.de, 2016 a., S.2f). Viele Menschen sehen in Deutschland ein Land der Hoffnungen und Chancen. Viele der Flüchtlinge haben Freunde und Angehörige in Deutschland, die schon länger hier leben. Sie suchen bewusst Schutz in Deutschland, weil ihnen diese Menschen beim Ankommen in Deutschland helfen können (vgl. www.bundesregierung.de, 2016 a., S. 3). Für die hiesige Wirtschaft, die zum Teil unter der demografischen Schieflage leidet und großen Bedarf an motivierten Auszubildenden deutlich macht, kann der Zuzug von jungen Flüchtlingen ein positiver Effekt darstellen (vgl. Meyer, 2014, S. 6). Daher bietet der aktuelle Migrationszuwachs eine Chance zur Kompensation absehbarer Fachkräfteengpässe. Die Mehrheit der Flüchtlinge ist unter 25 Jahre alt. Damit die Zuwanderer nicht in den Niedriglohnsektor abwandern oder auf lange Sicht arbeitslos bleiben, kommt hier der Berufsausbildung eine zentrale Integrationsaufgabe zu (vgl. Euler/Severing in berufsbildung, 2016, S.2)

> „Berufliche Integration ist schließlich nicht ein Ergebnis von Berufsbildung; sie gelingt im Verlauf der Berufsbildung." (Euler/Severing, in berufsbildung, 2016, S. 2)

Das duale Ausbildungssystem stellt trotz sozioökonomischer und demographischer Strukturveränderungen, einen zentralen Pfeiler der nichtakademischen Berufslaufbahnen in Deutschland dar (vgl. Baethge in Baumert et al., 2003, S. 525). Im letzten Jahrhundert hat sich die Berufspädagogik, die sich auf das berufsorientierte Lernen spezialisiert hat, als eigenständige Disziplin der Erwachsenenbildung herausentwickelt. Durch den Trend zum Lebenslangen Lernen verwischen nicht nur die etablierten Grenzlinien zwischen beruflicher Erstausbildung und Weiterbildung. Auch ein höheres Eintrittsalter der an der beruflichen Ausbildung Interessierten lässt den Schluss zu, dass wir es hier mit Erwachsenenbildung zu tun haben (vgl. Arnold, 2010, S. 38). Für Einwanderer, Migranten und Flüchtlinge sind Bildung und Beruf wesentliche Faktoren, die ihre soziale Lage in der Gesellschaft bestimmen (vgl. Hamburger in Tippelt, 2009, S. 883). Flüchtlinge und Migranten werden daher als Bildungssubjekte der Erwachsenenbildung begriffen, weshalb sich auch die Trägerstruktur der Erwachsenenbildung in den letzten Jahren verstärkt auf diese Zielgruppe ausgeweitet hat. Eine zentrale Stellung nehmen hierbei die Volkshochschulen ein, die diesbezüglich eigene Fachbereiche eingerichtet haben und vorwiegend Integrations- und Sprachkurse anbieten. Weiterhin haben sich verschiedenste Wohlfahrtsverbände, Initiativgruppen, Flüchtlingsorganisationen und andere Anbieter der Erwachsenenbildung dem Thema Bildung und Ausbildung der Flüchtlinge angenommen (vgl. Hamburger in Tippelt, 2009, S.885f).

Die vorliegende Arbeit blickt speziell auf die pädagogische Begleitung von Flüchtlingen in der Berufsausbildung. Welche Besonderheiten im pädagogischen Umgang mit jungen Flüchtlingen sind zu berücksichtigen und über welche Kompetenzen und Qualifikationen sollten Pädagoginnen und Pädagogen verfügen, um eine gelingende Berufsausbildung der Flüchtlinge zu gewährleisten? Die Hauptzielgruppe der Berufsausbildung besteht aus jungen Flüchtlingen im Alter von 18 bis 25 Jahren aus unterschiedlichsten Herkunftsländern, mit verschiedensten Bildungsbiografien und durchaus unterschiedlichen Auffassungen von Werten und Normen einer Gesellschaft. Dies macht die Besonderheit der Zielgruppe aus und stellt die Pädagoginnen und Pädagogen in der Berufsausbildung vor große Herausforderungen. Zuwanderung nach Deutschland ist weiterhin nötig und stellt keine begrenzte Erscheinung dar. Deshalb ist die Berufsausbildung in Deutschland gefordert und wird sich darauf einstellen müssen, auch in Zukunft viele Zuwanderer mit unterschiedlichen Qualifikationsniveaus und kulturellen Hintergründen aufzunehmen und erfolgreich zum Abschluss einer Ausbildung zu führen (vgl. Euler/Severing, 2016, S. 3).

<u>Vorgehensweise der Arbeit</u>

In Anbetracht der Aktualität des Themas konnte nur auf wenig vorhandene Literatur zurückgegriffen werden. Daher stützt sich ein großer Teil der hier vorliegenden Arbeit auf Studien und Internetdokumente. Aufgrund der persönlichen Motivation der Verfasserin dieser Arbeit, über das Thema „Flüchtlinge in der Berufsausbildung" zu schreiben, bot es sich aufgrund eigener Erfahrungen an, die spezifische Lage in Baden-Württemberg mit in die Arbeit aufzunehmen.

Kapitel 2 gibt dem Lesenden einen Überblick über aktuelle Zahlen der Fluchtbewegung. Der Bogen spannt sich über die Flüchtlingszahlen weltweit, das gesamte Bundesgebiet bis zum Bundesland Baden-Württemberg. Im Kapitel 3 werden die rechtlichen Rahmenbedingungen der Asylpolitik in Deutschland geschildert. Auf die Besonderheiten der Zielgruppe der jungen Flüchtlinge in der Berufsausbildung geht das Kapitel 4 ein. Mit der pädagogischen Arbeit im Umgang mit jungen Flüchtlingen setzt sich Kapitel 5 auseinander und zeigt auf, welche Anforderungen, Kompetenzen und Qualifikationen in der Arbeit mit den Flüchtlingen wichtig sind. Kapitel 6 beschreibt die Situation der Flüchtlinge in Bezug auf Partizipation am Bildungsmarkt generell und legt spezifisch das Augenmerk auf das Land Baden-Württemberg in Form von Betrachtung aktueller Ausbildungsprojekte. Im Kapitel 7 werden die theoretischen Ansätze in der Berufsausbildung von Flüchtlingen mit der praktischen Umsetzung verglichen. Am Ende der Arbeit zieht die Verfasserin ein Fazit und versucht einen Ausblick in die Zukunft zu wagen.

2 Aktuelle Flüchtlingssituation welt- und bundesweit und in Baden-Württemberg

Die seit dem letzten Jahr vehement geführte Debatte in der Europäischen Union und in Deutschland vermittelt den Eindruck, ein Großteil der Flüchtlinge würde in Europa Schutz suchen. Anhand der tatsächlichen Zahlen muss dieser Eindruck revidiert werden. Nach Schätzungen des Hohen Flüchtlingskommissars der Vereinten Nationen (UNHCR) befanden sich 2013 weltweit 51,2 Millionen Menschen auf der Flucht. Mehr als hundert Länder nahmen syrische Flüchtlinge auf. Die Hauptlast der Flüchtlingsströme tragen jedoch die Nachbarländer Syriens. Bis heute sind 1,2 Millionen Syrerinnen und Syrer in den Libanon geflohen, 1,7 Millionen wurden in der Türkei registriert und 650000 in Jordanien. Pakistan bietet 1,6 Millionen Flüchtlingen Schutz und der Iran einer Million Menschen. Hauptaufnahmeländer auf dem afrikanischen Kontinent sind Äthiopien mit 590000 und Kenia mit 540000 Flüchtlingen. Der größte Teil der Flüchtlinge findet Zuflucht in armen Regionen. Die ökonomischen und sozialen Rahmenbedingungen für die Unterstützung einer großen Zahl von Flüchtlingen gestalten sich hier sehr viel schlechter als in den Industriestaaten. Setzt man die Zahl der Flüchtlinge ins Verhältnis zur Gesamtbevölkerung eines Landes, werden sehr deutlich, mit welch schwierigen Zuständen die Behörden und die Bevölkerung vor Ort zu kämpfen haben (vgl. www.bpb.de).

> „Mit 257 Flüchtlingen pro 1000 Einwohner ist der Libanon das Land mit der größten Dichte an Flüchtlingen, gefolgt von Jordanien (100) und dem Tschad (39). In dieser Betrachtungsweise ist Schweden die einzige Industrienation unter den Top-10-Aufnahmeländern." (www.bpb.de)

Um die Debatte mit tatsächlichen Zahlen zu untermauern, gibt das anschließende Kapitel einen Überblick über die aktuellen Flüchtlingszahlen in Deutschland insgesamt, sowie für das Bundesland Baden-Württemberg im Einzelnen. Die dem Kapitel zugrunde liegenden Fakten und Zahlen wurden der aktuellen Statistik des Bundesamtes für Migration und Flüchtlinge (Bamf) im Monat April 2016, sowie der Internetseite der Bundesregierung entnommen. Die Daten bezogen auf das Bundesland Baden-Württemberg (BW) basieren auf der Datenlage im April 2016 des Ministeriums für Integration BW.

Auf europäischer Ebene wurde 2015 im Vergleich zur Bevölkerung des jeweiligen Mitgliedsstaates die höchste Asylbewerberquote in Schweden verzeichnet (8,4 Asylsuchende pro 1000 Einwohner). Deutschland liegt mit 2,5 Asylsuchenden pro

1000 Einwohner an sechster Stelle unter den EU-Staaten (vgl. www.bpb.de). Das Ministerium für Migration und Flüchtlinge hat im bisherigen Berichtsjahr 2016 insgesamt 194.532 Entscheidungen über Asylanträge getroffen (vgl. www.bamf.de, a). Anhand des folgenden Schaubildes wird deutlich, dass die Zahl der Flüchtlinge, die in Deutschland Schutz suchen, merklich zurückgeht.

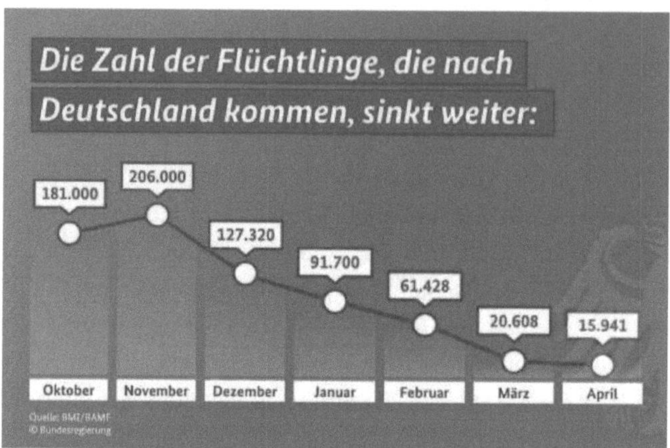

Abb.1 (Die Zahl der Flüchtlinge, die nach Deutschland kommen, sinkt weiter)

Die nachfolgende Abbildung zeigt die Zahlen der Asylanträge im Zeitraum Januar bis April 2016 für den gesamten Bundesraum und schlüsselt diese in Altersstufen und Geschlecht auf. Für die hier vorliegende Arbeit sind besonders die Altersstufen zwischen 18-25 interessant, da es sich hier vorwiegend um die Teilnehmenden an beruflicher Ausbildung handelt.

Asylerstanträge nach Altersgruppen und Geschlecht im Zeitraum Januar - April 2016

Altersgruppen	Asylerstanträge						prozentualer Anteil männlicher Antragsteller innerhalb der Altersgruppen	prozentualer Anteil weiblicher Antragsteller innerhalb der Altersgruppen
	insgesamt		Aufteilung der männlichen Antragsteller nach Altersgruppen		Aufteilung der weiblichen Antragsteller nach Altersgruppen			
bis unter 4 Jahre	21.355	8,9%	11.023	6,9%	10.332	12,8%	51,6%	48,4%
von 4 bis unter 6 Jahre	9.614	4,0%	5.123	3,2%	4.491	5,5%	53,3%	46,7%
von 6 bis unter 11 Jahre	21.087	8,8%	11.419	7,2%	9.668	11,9%	54,2%	45,8%
von 11 bis unter 16 Jahre	15.979	6,7%	9.422	5,9%	6.557	8,1%	59,0%	41,0%
von 16 bis unter 18 Jahre	8.134	3,4%	5.739	3,6%	2.395	3,0%	70,6%	29,4%
von 18 bis unter 25 Jahre	61.513	25,6%	47.484	29,8%	14.029	17,3%	77,2%	22,8%
von 25 bis unter 30 Jahre	35.830	14,9%	25.914	16,3%	9.916	12,2%	72,3%	27,7%
von 30 bis unter 35 Jahre	24.118	10,0%	16.301	10,2%	7.817	9,7%	67,6%	32,4%
von 35 bis unter 40 Jahre	16.105	6,7%	10.552	6,6%	5.553	6,9%	65,5%	34,5%
von 40 bis unter 45 Jahre	10.055	4,2%	6.520	4,1%	3.535	4,4%	64,8%	35,2%
von 45 bis unter 50 Jahre	6.928	2,9%	4.371	2,7%	2.557	3,2%	63,1%	36,9%
von 50 bis unter 55 Jahre	4.247	1,8%	2.523	1,6%	1.724	2,1%	59,4%	40,6%
von 55 bis unter 60 Jahre	2.487	1,0%	1.417	0,9%	1.070	1,3%	57,0%	43,0%
von 60 bis unter 65 Jahre	1.421	0,6%	775	0,5%	646	0,8%	54,5%	45,5%
65 Jahre und älter	1.253	0,5%	580	0,4%	673	0,8%	46,3%	53,7%
Insgesamt	240.126	100,0%	159.163	100,0%	80.963	100,0%	66,3%	33,7%

Im Zeitraum Januar – April 2016 waren 72,3 % der Asylerstantragsteller jünger als 30 Jahre. Zwei Drittel aller Erstanträge wurden von Männern gestellt.

Abb.2 (Asylerstanträge nach Altersgruppen und Geschlecht im Zeitraum Januar – April 2016)

Die Statistik verdeutlicht die große Anzahl von Asylsuchenden im Alter von 18J. – 25J. Auch im nachfolgenden Schaubild ist erkennbar, dass die größte Gruppe der zu uns fliehenden Menschen, die Altersgruppe der 19-24 Jährigen ausmacht.

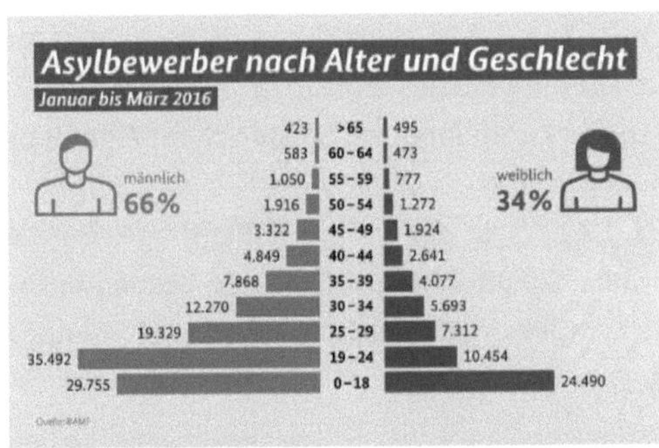

Abb.3 (Asylbewerber nach Alter und Geschlecht)

Die nächste Statistik gibt einen Überblick über die Herkunftsländer der Antragstellenden auf Asyl in Deutschland.

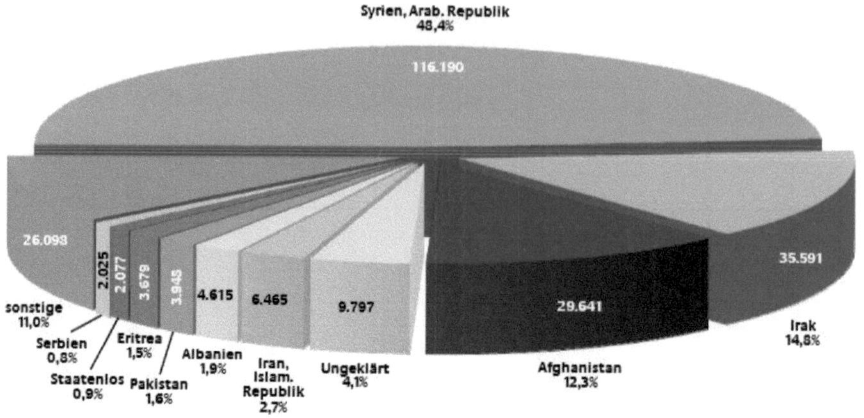

Abb. 4 (Herkunftsländer der Asylantragsstellenden)

Anhand der Statistik lässt sich erkennen, aus welchen Herkunftsländern Flüchtlinge nach Deutschland kommen. Wir haben es hier mit unterschiedlichsten Kulturen, Werte- und Normenvorstellungen zu tun. Unterschiede sind beispielsweise in den rechtlichen Rahmenbestimmungen für die jeweiligen Flüchtlingsgruppen zu finden, die von einer Duldung bis zur Aufenthaltserlaubnis reichen. Flüchtende, die aus Herkunftsländern mit einer Schutzquote[1] von über 50 % kommen, besitzen eine gute Bleibeperspektive. Im Jahr 2016 betrifft dies vor allem Menschen aus Eritrea, Irak, Iran, Syrien und Somalia. Unterschiede bestehen auch in den Bildungsbiografien, dem Verständnis von Lehren und Lernen, sowie den mitgebrachten Qualifikationen. Ca. 18 Prozent der Asylerstantragstellenden gaben an, dass sie eine Hochschule besucht haben. 20 Prozent haben nach eigenen Angaben ein Gymnasium besucht, 32 Prozent eine Mittelschule. Große Unterschiede bestehen zwischen den verschiedenen Herkunftsländern. So sind Syrer/innen und Iraner/innen häufig besser gebildet als der Durchschnitt (vgl. www.bundesregierung.de, 2016, S.4). Viele der jungen Flüchtlinge, mit der sich die Arbeit beschäftigt, bringen eine Schulbildung mit, einige besuchten in ihren Heimatländern weiterführende Schulen. Aber auch die Zahl der Analphabeten unter den Flüchtlingen ist hoch.

---

[1] Schutzquote: „Bei jedem Asylantrag prüft das Bundesamt auf Grundlage des Asylgesetzes, ob eine der vier Schutzformen – Asylberechtigung, Flüchtlingsschutz, subsidiärer Schutz oder ein Abschiebungsverbot vorliegt." (kubilay, 2016, S.16)

Das Bundesland Baden-Württemberg hat im Jahr 2016 aufgrund des Verteilungssystems „Königsteiner Schlüssel" eine Aufnahmekapazität von rund 12,9% zu erfüllen. Dieses System legt die Aufnahmequoten für die einzelnen Bundesländer fest und wird jedes Jahr unter Bezugnahme der Steuereinnahmen und der Bevölkerungszahl neu berechnet. Laut dem Ministerium für Migration und Flüchtlinge hat Baden-Württemberg neben den Bundesländern Bayern und Nordrhein-Westfalen die dritthöchste Aufnahmequote (vgl. BAMF, 2016).

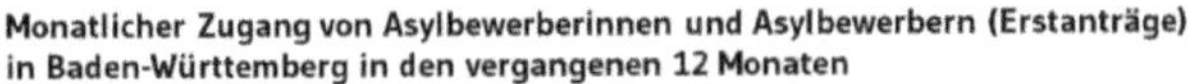

Monatlicher Zugang von Asylbewerberinnen und Asylbewerbern (Erstanträge) in Baden-Württemberg in den vergangenen 12 Monaten

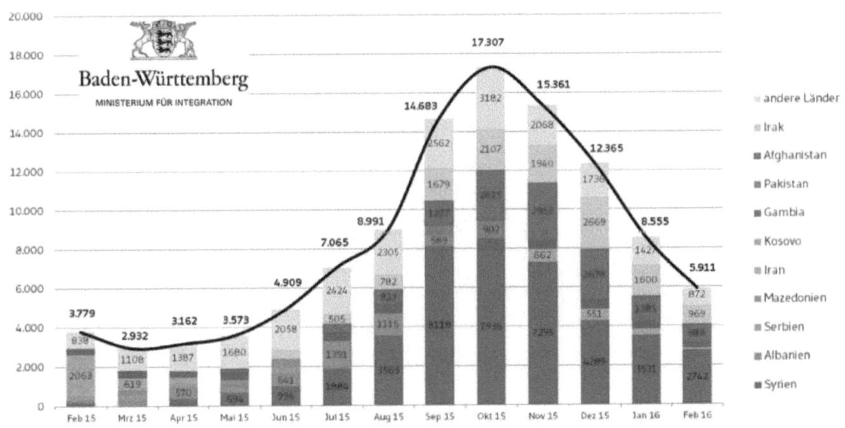

Abb. 5 (Monatlicher Zugang von Asylbewerbern und Asylbewerberinnen in Baden-Württemberg in den vergangenen 12 Monaten)

Die Grafik zeigt die aktuellen Zahlen der Erstanträge von Asylbewerber/innen der vergangenen zwölf Monate für das Land Baden-Württemberg.

„Allein zwischen Januar und Oktober 2015 sind über 100.000 Asylsuchende in das Land gekommen, von denen viele noch nicht registriert wurden. Ein Großteil davon wird in Baden-Württemberg verbleiben. Darüber hinaus erwartet Baden-Württemberg zusätzlich eine große Zahl unbegleiteter ausländischer Kinder und Jugendlicher. Die meisten Flüchtlinge sind zwischen 18 und 34 Jahre alt (18 - 24 Jahre: 28%; 25 - 34 Jahre: 28 %) und kommen damit grundsätzlich für eine Ausbildung oder [..] in Frage." (mfw.baden-wuerttemberg.de, 2015)

Der Flüchtlingsstrom wird Deutschland in den nächsten Jahren weiterhin beschäftigen. Der Umgang mit Flüchtlingen sollte deshalb nicht als Sonderfall, sondern als langfristiges kommunales Thema anerkannt und dementsprechend behandelt werden (vgl. www.difu.de).

3 Rechtliche Rahmenbedingungen der Asylpolitik in Deutschland

Dieser Teil der Arbeit setzt sich mit den rechtlichen Rahmenbedingungen der Zuwanderung bzw. der Flucht von Menschen nach Deutschland auseinander. Am Ende des Kapitels soll deutlich werden, welchen Status ein Flüchtender in Deutschland besitzt, welche Rechte und Pflichten daraus abzuleiten sind und in welcher Form an Bildung teilgenommen werden darf und kann.[2]

Laut Genfer Flüchtlingskonvention ist Asyl ein Menschenrecht. So findet sich in der Präambel des Abkommens über die Rechtsstellung der Flüchtlinge vom 28.07.1951 und in dem Protokoll über die Rechtsstellung der Flüchtlinge vom 31.01.1967 die Aussage, dass die Organisation der Vereinten Nationen die Verantwortung dafür übernimmt, Flüchtlingen in möglichst großem Umfang die Ausübung der Menschenrechte und der Grundfreiheiten zu sichern (vgl. UNHCR, Präambel, 1951 und 1967, S. 1).

Es gilt als Flüchtling im Sinne der Genfer Flüchtlingskonvention Art. 1,

> „eine Person, die aus der begründeten Furcht vor Verfolgung wegen ihrer Rasse, Religion, Nationalität, Zugehörigkeit zu einer bestimmten sozialen Gruppe oder wegen ihrer politischen Überzeugung sich außerhalb des Landes befindet, dessen Staatsangehörigkeit sie besitzt, und den Schutz dieses Landes nicht in Anspruch nehmen kann oder wegen dieser Befürchtungen nicht in Anspruch nehmen will; oder die sich als staatenlose infolge solcher Ereignisse außerhalb des Landes befindet, in welchem sie ihren gewöhnlichen Aufenthalt hatte, und nicht dorthin zurückkehren kann oder wegen der erwähnten Befürchtungen nicht dorthin zurückkehren will." (UNHCR, Präambel, 1951 und 1967, Art. 1, S.2)

Auch haben sich die Staaten, die die Flüchtlingskonvention unterzeichneten, darauf verpflichtet, dass:

> „Keiner der vertragsschließenden Staaten wird einen Flüchtling auf irgendeine Weise über die Grenzen von Gebieten ausweisen oder zurückweisen, in denen sein Leben oder seine Freiheit wegen seiner Rasse, Religion, Staatsangehörigkeit, seiner Zuge-

---

[2] Es besteht bei diesen Ausführungen keinerlei Anspruch auf Vollständigkeit. Es sollen lediglich die wichtigsten Regelungen beleuchtet werden, da sowohl politische, als auch rechtliche Rahmenbedingungen einen erheblichen Einfluss auf die Lebenslage von Flüchtlingen darstellen.

hörigkeit zu einer bestimmten sozialen Gruppe oder wegen seiner politischen Überzeugung bedroht sein würde". (UNHCR, 1951, 1967, Art. 33, S.15)

Auf europäischer Ebene hat sich das „Dublin-Verfahren" etabliert, welches als ein Element des Gemeinsamen Europäischen Asylsystems gilt. Bei diesem Verfahren wird geprüft, welcher europäische Staat für den Asylantrag zuständig ist. Damit soll vermieden werden, dass Flüchtlinge mehrere Asylanträge in verschiedenen Ländern stellen. Im europäischen Kontext handelt es sich bei einem Asylantrag sowohl um einen Antrag auf „internationalen Schutz" als auch auf „subsidiären Schutz". Der internationale Schutz umfasst den Flüchtlingsschutz nach der Genfer Flüchtlingskonvention, welcher im deutschen Recht in § 3 des AsylVfG verankert ist. Der subsidiäre Schutz bezieht sich auf die Qualifikationsrichtlinie der Europäischen Union und wurde im deutschen Recht in § 4 des AsylVfG festgehalten. Subsidiärer Schutz steht Personen zu, die in ihrem Herkunftsland der Gefahr eines „ernsthaften Schadens" ausgesetzt sind, wie beispielsweise durch Todesstrafe, Folter oder unmenschlichen Behandlungen. Auch Bürgerkriege zählen zu ernsthaften Schäden (vgl. Kalkmann, 2015, S. 4).

Das Wort „Asyl" führt zu manchen Irrungen in der Rechtspraxis, denn „Asyl" bezeichnet im rechtlichen Sinne nur das politische Asyl, welches im deutschen Grundgesetz unter Art. 16a definiert ist. Da heißt es, dass politisch Verfolgte Asylrecht genießen (vgl. Grundgesetz, 2013, S. 20). Die Praxis zeigt, dass der Art. 16a GG nur eine geringe Rolle spielt, da die Bundesrepublik Deutschland komplett von sicheren Drittstaaten umgeben ist und der Art. 16a GG alle Personen vom Asylrecht ausschließt, die durch einen sicheren Drittstaat in die Bundesrepublik einreisen. Durch diesen formalen Ausschluss findet der Art. 16a GG selten Anwendung. Entscheidend ist daher für die Asylverfahren die Frage nach dem Anspruch auf Flüchtlingsschutz oder einer anderen Form von Schutz. Deshalb heißt „Asylantrag" nach dem Gesetz Antrag auf Asyl im Sinne des deutschen Grundgesetztes als auch im Sinne des internationalen Schutzes (vgl. Kalkmann, 2015, S. 2).

Im Folgenden sollen einige Aufenthaltstitel einen Aufschluss darüber geben, welche Möglichkeiten die Personen damit auf dem deutschen Ausbildungs- und Arbeitsmarkt haben.

Die Aufenthaltsgestattung

Flüchtende, die um ein Asyl bitten, ist nach dem § 55 Abs. 1 AsylVfG der Aufenthalt in der Bundesrepublik zur Durchführung des Asylverfahrens gestattet. Die Gestattung des Aufenthalts stellt kein Recht auf Aufenthalt dar und sie erlischt, sobald der Aufenthalt nicht mehr gestattet wird, unabhängig ihres Gültigkeitsdatums. Sie bedeutet für die Personen u.a.:

- Arbeitsverbot in den ersten drei Monaten nach der Einreise in die Bundesrepublik

- Leistungen nach dem Asylbewerberleistungsgesetz

- Residenzpflicht, Personen mit diesem Status benötigen für das Verlassen des ihnen zugewiesenen Regierungsbezirkes die Zustimmung der Ausländerbehörde.

- Zustimmungsfreier Zugang zu betrieblichen Ausbildung (§ 32 Abs. 2 BeschV) nach den ersten drei Monaten, allerdings muss die Ausländerbehörde eine Beschäftigungserlaubnis erteilen.

- Teilnahme an der Sprachförderung über berufsbezogene Kurse durch das Bundesamt für Migration und Flüchtlinge (BAMF) bei nachrangigem Arbeitsmarktzugang (bei mindestens 3 Monaten Voraufenthalt).

- Nach vier Jahren des Aufenthalts in Deutschland steht den Personen ein uneingeschränkter Zugang zum Arbeitsmarkt zu (vgl. Staatsinstitut f. Schulqualität und Bildungsforschung, 2015, S.50).

<u>Duldung (Aussetzung der Abschiebung)</u>

Ist die Abschiebung eines Flüchtenden aus tatsächlichen oder rechtlichen Gründen nicht möglich, wird sie ausgesetzt. Die Duldung stellt keinen Titel zum Aufenthalt dar. Wurde der Asylantrag abgelehnt, ist der Betroffene zur Ausreise verpflichtet. Sollte diese aus bestimmten Gründen nicht möglich sein, fällt die Person unter den Duldungs-Status. Gründe für die Erteilung einer Duldung können beispielsweise fehlende Ausweispapiere sein. Die Abschiebung kann erst wieder durchgeführt werden, sobald das Abschiebehindernis beseitigt ist. Für Personen mit einer Duldung bedeutet dies folgendes, ähnlich den Bestimmungen der Aufenthaltsgestattung:

- wie z.B. das Arbeitsverbot in den ersten drei Monaten

- nach vier Jahren des Aufenthalts gilt der uneingeschränkte Zugang zum Arbeitsmarkt

- Einschränkung der Bewegungsfreiheit auf ein Bundesland

- Leistungen nach dem Asylbewerberleistungsgesetz

- Als Ausnahme gilt der zustimmungsfreie Zugang zur betrieblichen Ausbildung ohne eine Wartefrist (§ 32 Abs. 2 BeschV), allerdings muss die Ausländerbehörde eine Beschäftigungserlaubnis aussprechen.

- Teilnahme an der Sprachförderung über berufsbezogene Kurse durch das Bundesamt für Migration und Flüchtlinge (BAMF) bei nachrangigem Arbeitsmarktzugang und mindestens 3 Monaten Voraufenthalt (vgl. Staatsinstitut f. Schulqualität und Bildungsforschung, 2015, S.51).

<u>Aufenthaltserlaubnis nach § 25 Abs. 1 und § 25 Abs. 2 Aufenthaltsgesetz</u>

Wurde eine Person nach Art. 16a GG als Asylberechtigter anerkannt, erhält sie eine Aufenthaltserlaubnis nach § 25 Abs. 1 AufenthG. Wurde eine Person im Sinne der Genfer Flüchtlingskonvention nach § 60 Abs. 1 AufenthG oder durch internationalen subsidiären Schutz als Flüchtling anerkannt, wird eine Aufenthaltserlaubnis nach § 25 Abs. 2 AufenthG erteilt. Beide Titel haben berechtigen die Personen zu:

- freiem Zugang zum Arbeitsmarkt

- Leistungsanspruch nach SGB II

- Anspruch auf Integrationskurse (vgl. Staatsinstitut f. Schulqualität und Bildungsforschung, 2015, S.51).

<u>Zusammenfassung der gesetzlichen Regelungen</u>

Allen angesprochenen gesetzlichen Regelungen gemein ist die Berechtigung der Flüchtlinge an betrieblicher Ausbildung teilnehmen zu dürfen. Asylbewerber können während ihres Verfahrens freiwillig an Deutschkursen teilnehmen. Anerkannte Flüchtlinge sind verpflichtet, einen Integrationskurs zu besuchen, der nicht nur die Vermittlung von Deutschkenntnissen beinhaltet, sondern auch Grundlagen der deutschen Gesellschaft, Kultur und Geschichte vermittelt (vgl. www.lpb-bw.de, 2015). Grundsätzlich gilt, für Asylbewerber und Personen mit Duldung ist der Zugang zu betrieblicher Ausbildung möglich. Dies bedarf jedoch der Zustimmung der Ausländerbehörde. Der Bundestag beschloss im Juli 2015, Flüchtlingen bis zu einem Alter von 21 Jahren das Bleiberecht in Deutschland auch im Falle einer Duldung bis zum Ende der Ausbildung zu gewähren. Die Duldung wird nach erfolgreichem Abschluss des Ausbildungsjahres jeweils um ein weiteres Ausbildungsjahr verlängert (vgl. Enders et.al, 2015, S. 11). Des Weiteren wurden neue Regelungen bezüglich der Residenzpflicht erlassen. So können sich in Zukunft Asylsuchende und Geduldete nach einem dreimonatigen Aufenthalt im ganzen Bundesgebiet frei bewegen (vgl. www.bpb.de). Asylsuchende mit guter Bleibeperspektive sollen frühzeitig in den Arbeitsmarkt integriert werden. Wesentlich hierfür sind gute Deutschkenntnisse. Der Bund wird für Asylbewerber und Geduldete mit guter Bleibeperspektive die Integrationskurse des Bundesamtes für Migration und Flüchtlinge öffnen und mehr Mittel dafür bereitstellen. Ferner sollen die Integrationskurse besser mit berufsbezogenen Sprachkursen der Bundesagentur für Arbeit verknüpft werden. (vgl. www.bundesregierung.de)

Zusammenfassend kann gesagt werden, dass die Ausländer- und Asylverfahrensgesetzgebung ein komplexes Feld darstellt (vgl. Fritz/Groner, 2004, S.14). Die Chancen für Flüchtlinge in Deutschland an der Gesellschaft Teilhabe zu finden, sind ungleich verteilt. Asylberechtigte nach dem Grundgesetz (Art.16a) und Flüchtlinge, die nach der Genfer Flüchtlingskonvention anerkannt wurden, sowie direkt aus dem Ausland aufgenommene Menschen (Kontingentflüchtlinge) haben bessere Voraussetzungen für die gesellschaftliche Partizipation. Während hingegen Asylsuchende, die sich im Asylaufnahmeverfahren befinden, nur eine Aufenthaltsgestattung erhalten. Damit sind sie aufgrund Ihres Rechtsstatus nur beschränkt fähig, gesellschaftlich teilzuhaben und ihre Bildungsrechte wahrzunehmen. Eine eigenständige Versorgung, die Möglichkeit den Lebensunterhalt selbst zu verdienen und den Auszug aus Gemeinschaftsunterkünften ist ihnen nicht möglich. Dies gilt auch für Flüchtlinge, die mit dem Rechtsstatus der Duldung leben (vgl. Gag, Voges, 2014, S.9f).

Im Mai 2016 hat sich die Bundesregierung auf ein neues Integrationsgesetz geeinigt, welches an dieser Stelle kurz thematisiert werden soll, da es einige Veränderungen zur bisherigen Gesetzgebung beinhaltet.

Die Bundesregierung hat sich mit dem neuen Integrationsgesetz zum Ziel gesetzt, für die unterschiedlichen Voraussetzungen und Perspektiven der Schutz-

suchenden passende Maßnahmen und Leistungen anzubieten, um eine schnelle und nachhaltige Integration zu ermöglichen. Schwerpunkte hierbei sind der Erwerb der deutschen Sprache und die Qualifizierung der betroffenen Menschen für den deutschen Arbeitsmarkt (vgl. Deutscher Bundestag, 2016, S. 1f). Die bestehenden gesetzlichen Regelungen sollen an die aktuellen Bedarfe angepasst werden. Für Geduldete ist ein Bleiberecht für die gesamte Dauer der Berufsausbildung und die anschließende Beschäftigung vorgesehen. Damit soll die Rechtssicherheit für sie und für die Ausbildungsbetriebe sichergestellt werden (vgl. www.bundesregierung.de, 2016). Des Weiteren stehen Asylbewerbern mit guter

Bleibeperspektive die Möglichkeiten der ausbildungsbegleitenden Hilfen, der assistierten Ausbildung oder den berufsvorbereitenden Bildungsmaßnahmen bereits nach drei Monaten Aufenthalt offen.

> „Außerdem wird die Ausbildungsförderung stärker für junge Flüchtlinge geöffnet und die bisherige Altersbegrenzung von 21 Jahren für den Beginn der Ausbildung aufgehoben. Auszubildende können für die gesamte Zeit ihrer Ausbildung in Deutschland bleiben. Das gibt ihnen und den Betrieben Rechtssicherheit." (www.bundesregierung.de, 2016, S. 27)

4 Zielgruppe Flüchtlinge in der Berufsausbildung

Die hier vorliegende Arbeit beschäftigt sich besonders mit den Herausforderungen der Pädagogik in der Arbeit mit jungen Flüchtlingen in der Berufsausbildung, insbesondere mit der Altersgruppe der 18-25 Jährigen. Diese Zielgruppe stellt sich sehr heterogen dar, da eine Vielzahl an rechtlichen Besonderheiten existiert, die den Zugang zu Bildung ermöglichen bzw. begrenzen (vgl. Robak in EB Erwachsenenbildung 04/2015). Es existieren noch weitere Faktoren, die die Heterogenität der Zielgruppe beschreiben. Die Teilnehmenden verfügen über unterschiedlichste kulturelle Wurzeln und familiäre Bezüge. Sie besitzen verschiedene Sprachkenntnisse und bringen jeweils andere Lernerfahrungen und Bildungsbiografien mit. Auch die unterschiedlich langen Aufenthaltszeiten, ihre belastenden Fluchterlebnisse und traumatischen Erfahrungen im Heimatland und auf der Flucht, sowie die daraus resultierenden psychischen Belastungen spiegeln die Verschiedenheit der Zielgruppe wieder (vgl. Kölsch in Krappmann et.al., 2009, S. 224f).

Grob untertellen lassen sich die Merkmale der Heterogenität der Zielgruppe anhand:

- des Aufenthaltsstatus, sei es die Duldung, die Gestattung oder ein regulärer Aufenthaltsstatus, den die Flüchtlinge besitzen.
- der Aufenthaltsdauer in Deutschland.
- der Zeit und der Intensität ihres Schulbesuchs im Heimatland. In diesem Punkt gibt es große Unterschiede zwischen den Jugendlichen und jungen Erwachsenen. Einige von ihnen haben eine lange Schulzeit genossen, andere hingegen nur wenige Jahre und wiederum einige von ihnen kamen als Analphabeten nach Deutschland.
- der verschiedenen Herkunftsländer und deren diversen Bildungssystemen.
- der familiären Unterstützung. Es gibt Familien, die ihre starke Bildungsorientierung an die Kinder weitergeben und diese auch unterstützen. Daneben stehen die Kinder und Jugendlichen, die aus verschiedensten Gründen, keinerlei Unterstützung ihrer Eltern erwarten können (vgl. Müller et al., 2014, S.49f). Viele Familien wurden aufgrund der notwendigen Flucht zerrissen und die Angehörigen leben nicht selten in verschiedensten Ländern. Die Familienzusammenführung in Deutschland können Asylbewerber/innen und Geduldete nicht in Anspruch nehmen (vgl. Müller et al., 2014, S.50). Viele der Jugendlichen und jungen Erwachsenen verließen ihre

Heimat, die vertraute Umgebung, ihre Freunde und Familienangehörige, um in einem anderen Land Schutz und eine Zukunftsperspektive zu finden. Trotz der unterschiedlichen Lebenswege und persönlichen Profile vereint die Zielgruppe der gemeinsame Wunsch, nach einer prosperierenden Zukunft in Deutschland. Die Motivation, durch Ausbildung eine berufliche Perspektive zu erhalten, frei von Sozialleistungen sich ein eigenes Leben aufzubauen und eine Familie zu gründen, ist ein vielfach geäußertes Bedürfnis der Flüchtlinge.

„Ihr Lebensgefühl war jedoch geprägt von Unsicherheiten, Enttäuschungen und Frustrationen, Erfahrungen von Ablehnung und Rassismus, aber auch einer vagen Hoffnung, dass sich die Anstrengungen am Ende vielleicht lohnen könnten." (Kölsch in Krappmann et.al., 2009, S. 224f)

Das Leben in Deutschland, das Ankommen nach traumatischen und langen Fluchtwegen, ist für diese Zielgruppe ein Zustand aus Orientierungslosigkeit und Zukunftsängsten. Ihr Alltag ist geprägt von Behördengängen, dem Umgang mit einer ihnen fremden Sprache und für einen Teil der Jugendlichen und jungen Erwachsenen, dem Leben mit einem nicht gesicherten Aufenthaltsstatus (vgl. Staatsinstitut für Schulqualität und Bildungsforschung, 2015, S.6). Lehrkräfte aus bayerischen Schulungsprojekten mit jungen Flüchtlingen berichten von der hohen Motivation der jungen Menschen, zu lernen. Aber auch die Angst und Unsicherheit im ausländerrechtlichen Verfahren bestimmt das Lebensgefühl der jungen Flüchtlinge (vgl. Maly in Landeshauptstadt München-Dokumentation, 2013, S.3). Prof. El-Mafaalani von der Universität Münster kam in seinen Forschungen zu Migration weltweit zu dem Schluss, dass Flüchtlinge insgesamt überdurchschnittlich motiviert und risikobereit sind (vgl. El-Mafaalani, 2016, Vortrag Uni Stuttgart). Diese Motivation, aber auch die mitgebrachten Fähig- und Fertigkeiten der Flüchtenden lohnen sich, genauer betrachtet und in den Lernprozess einbezogen zu werden. Die Studie von Fouda und Kadur zeigt auf, dass fast alle in der Studie befragten Flüchtlingsfrauen eigenen Angaben zufolge neben ihrer Muttersprache eine weitere Sprache sprechen. Eine zweite Fremdsprache beherrschte noch eine überwiegende Mehrheit der Befragten. In dieser Studie wurde deutlich, dass Mehrsprachigkeit als individuelle und ökonomische Ressource in der deutschen Gesellschaft nur wenig abgerufen wird (vgl. Fouda/Kadur, 2005, S.19). Die von ihnen interviewten Flüchtlingsfrauen verfügen über relevante Ressourcen, die sich aus dem Leben als Flüchtling ergeben wie Flexibilität, Lernbereitschaft und Ausdauer (vgl. Fouda/Kadur, 2005, S.21). Dies stellt ein Bündel an Schlüsselkompetenzen dar, die zu einem wesentlichen Teil zur erfolgreichen Absolvierung einer Berufsausbildung beitragen können.

Heterogen stellt sich auch die Situation der Berufsausbildung und der beruflichen Qualifikationen der Zielgruppe dar. Viele der neu angekommenen Flüchtlinge bringen keine formale Berufsausbildung mit, da in den Herkunftsländern der Geflohenen die berufliche Bildung selten staatlich organisiert ist. Es existiert kaum gesichertes empirisches Wissen über die berufliche Ausbildungssituation aus beispielsweise Ländern wie Syrien, Afghanistan oder dem Irak. Daher liegt die Vermutung nahe, dass berufliche Kompetenzen eher auf dem informellen Wege direkt am Arbeitsplatz gewonnen wurden (vgl. Abele/Nickolaus in berufsbildung, 2016, S. 32).

> „Damit müssen neben der Bearbeitung von Problemen auch die Fähigkeiten und Kompetenzen dieser [..] Jugendlichen anerkannt werden. Diese gilt es zu stärken, ohne sie zu überschätzen." (Schmitt/Homfeldt in impulse , 2014, S. 17)

Noch zu selten werden die berufsrelevanten, allerdings nicht zertifizierten, Kompetenzen der Asylsuchenden zur beruflichen Integration genutzt und in den Lernprozess eingebunden.

4.1 Exkurs Traumatisierung

An dieser Stelle soll ein kurzer Einblick in die Thematik Traumatisierung gegeben werden. Flüchtlinge kommen mit unterschiedlicher Motivation nach Deutschland. Der Wunsch nach einem besseren Leben treibt viele Menschen an, ihr Heimatland zu verlassen. Aber vor allem kriegerische Auseinandersetzungen und Bürgerkriege waren die Fluchtgründe vieler Menschen, die in den letzten Jahren in Deutschland um Asyl baten. Nicht wenige unter ihnen leiden an traumatischen Störungen, die auf die Erlebnisse im Heimatland und auf den Weg ihrer Flucht zurückzuführen sind (vgl. Soyer in Fritz/Groner, 2004, S.90). Traumatisierung ist eine psychische Belastungsstörung, auch Posttraumatische Belastungsstörung genannt (Posttraumatic Stress Disorder PTSD). Als auslösendes Moment einer Traumatisierung gelten das Erleben oder das Beobachten von einem oder mehrerer Ereignisse, die den tatsächlichen oder drohenden Tod oder ernsthafte Verletzung oder die Gefahr der körperlichen Unversehrtheit der eigenen oder andere Personen beinhalten (ebd., S.91f). Die Erlebnisse können sich auf Kriege, Verbrechen, Unfälle oder Naturkatastrophen beziehen. Traumatisierte Menschen ziehen sich aufgrund ihrer Erlebnisse zurück und leiden oft unter dem Gefühl nicht mehr „normal" zu sein. Es fällt ihnen schwer, sich zu konzentrieren und sie leiden nicht selten unter Schlafstörungen, Nervosität und erhöhter Reizbarkeit. Flüchtlinge mit traumatischen Störungen leben in einem inneren und äußeren Chaos. Die meisten Menschen, die sich auf die Flucht begeben, tun dies um Kriegen und Menschenrechtsverletzungen zu entgehen. Nicht wenige von ihnen wurden Opfer und /oder Zeuge von Folter, politischer Haft, Genozid, sexueller Gewalt oder von anderen potenziell traumatisierenden Ereignissen. Böhm, Decker und Frommer bezeichnen derartige Traumata als politische Traumatisierung. Traumatisierung, die aus politischer Gewalt entsteht. (vgl. Böhm et.al. 2014, S.5) Sie zitieren in ihrem Beitrag „Schwerpunktthema -Politische Traumatisierung" Laban et al., nach denen klar für westliche Industriestaaten belegt ist, dass verschiedene Aspekte des Aufnahmeverfahrens wie die Länge des Asylverfahrens oder die Art der Unterbringung die Symptome psychischer Störungen bei den Betroffenen verstärken (ebd., S.6). Traumata behindern die Jugendlichen und jungen Erwachsenen nicht nur im Alltagsleben, sondern besonders in ihrer Zeit in Berufsschule und Betrieb. Daher ist es wichtig, dass alle Akteure der beruflichen Ausbildung, Lehrkräfte, Ausbilder/innen und Sozialpädagogen/innen für die Zeichen einer stark psychischen Belastung sensibilisiert sind (vgl. Anderson, 2016, S.18f). In der von Anderson vorliegenden Studie beschreiben Schmitt et. al. einige der Probleme, die durch ein Trauma bei den Jugendlichen und jungen Erwachsenen auftreten. Desinteresse, Teilnahmslosigkeit und Konzentrationsstörungen werden immer wieder beobachtet. Aber auch auffallende Geistesabwesenheit oder Flashbacks, die sich Lehrkräfte erstmal nicht erklären können. Ebenso eine aufbrausende Aggressivität oder das Gegenteil, der passive Rückzug der Person in die Antriebslosigkeit, können durch traumatische Erlebnisse hervorgerufen werden. Unpünktlichkeit scheint hier noch das kleinere Übel. All die genannten Erscheinungen im Verhalten der jungen Flüchtlinge stehen im Kontrast zu ihrer sehr oft motivierten Haltung. Deshalb müssen die posttraumatischen Belastungsstörungen von den Fachkräften entsprechend ernst genommen werden. Die Zusammenarbeit der psychologisch Betreuenden mit den Lehrkräften, Ausbildenden und Sozialpädagogen/innen ist in diesem Kontext von wesentlicher Bedeutung (vgl. Anderson, 2016, S. 19).

4.2 Lebensumstände der jungen Flüchtlinge in Deutschland

Um angemessen mit Flüchtlingen zu arbeiten, sei es sozialpädagogisch oder in Bezug auf die Berufsausbildung, ist es sinnvoll die Lebensumstände der Menschen zu veranschaulichen und zu verstehen. In der Betrachtung der Lebensumstände der Flüchtlinge zeigen sich die äußeren Bedingungen, durch die ihr Leben beeinflusst wird. Die Lebensumstände oder anders bezeichnet „die Lebenslage" bildet einen Rahmen von Möglichkeiten und markiert den Handlungsspielraum, in dem eine Person sich entwickeln kann (vgl. Engels, 2008, S.1).

Das Bundesministerium für Migration und Flüchtlinge geht davon aus, dass mehr als die Hälfte der Flüchtlinge jünger als 25 Jahre sind (vgl. www.bamf.de). Die Gründe der Flucht und damit möglicherweise verbundene Traumatisierungen, die gesellschaftliche Degradierung in Deutschland und die prekäre rechtliche Lage der Flüchtlinge in Bezug auf ihren Aufenthaltsstatus, führen zu einem Leben in beständiger Unsicherheit, bei manchen auch zu einer empfundenen Perspektivlosigkeit (vgl. Krappmann et.al, 2009, S.47). Wie sieht die tatsächliche Lage der Flüchtlinge in Deutschland aus? Das folgende Kapitel legt das Hauptaugenmerk auf die Situation der Flüchtlinge in Bezug auf Unterbringung, Zugang zur gesellschaftlichen Infrastruktur, wie Arbeits- und Ausbildungsmarkt, Sprachkurse und die Verwaltungspraxis. Eingangs soll mit einer spezifischen Situationsaufnahme eines jungen Erwachsenen in Nordrhein-Westfalen ein direkter Einblick in die Lebenswelt der Flüchtlinge gegeben werden.

Kölsch hat in ihrem Beitrag „Ausweg aus der Ausbildungssackgasse für junge Flüchtlinge" in Krappmanns Buch „Bildung für junge Flüchtlinge-ein Menschenrecht" anschaulich verdeutlicht, in welchen Lebensumständen sich die jungen Flüchtlinge befinden. Sie berichtet bspw. von Yusif, der im Alter von 17 Jahren mit seinem Bruder von Togo nach Deutschland geflohen ist. Die Geschwister verloren den Kontakt zu einander im Wirrwarr des Ankommens in Deutschland. Yusif fand Unterkunft in einem Flüchtlingsheim in Köln. Den ihm angebotenen Sprachkurs konnte er aufgrund von Konzentrationsschwierigkeiten und einem Gefühl der Orientierungs- und Haltlosigkeit nicht lange besuchen. Er hatte keinerlei Möglichkeit eine Ausbildung zu absolvieren. Ihm fehlten Ansprechpartner, Strukturen und erreichbare Ziele. Er beschrieb diese Zeit als vergeudet und sah sich der Trostlosigkeit der Flüchtlingsunterkunft und der eigenen Handlungsunfähigkeit machtlos ausgesetzt. Erst durch Landsleute erfuhr er, mittlerweile in einem Alter von 25 Jahren, von einem Projekt, welches ihm die Möglichkeit gab, seinem Traum Kfz-Mechaniker zu werden, näher zu kommen. Über einen Deutschkurs für Fortgeschrittene konnte er seine Chancen in ein Ausbildungsverhältnis zu wechseln, deutlich verbessern (vgl. Kölsch in Krappmann et. al., 2009, S. 225). Seinem Ehrgeiz, seinem Durchhaltevermögen und seiner sympathischen Art hatte es Yusif zu verdanken, dass er am Ende doch noch einen Ausbildungsvertrag zum LKW-Mechatroniker erhalten hat (ebd., S.229).

Zur Gesamtsituation der Flüchtlinge in Deutschland in den letzten Jahren gibt es nur wenige wissenschaftliche Beiträge. Einige Studien haben sich in den letzten Jahren mit diesem Thema beschäftigt und die Situation der Flüchtlinge in verschiedensten Orten in Deutschland untersucht. Bei der Unterbringung gibt es erhebliche Unterschiede zwischen Großstädten, kleineren Städten und Kommunen auf dem Land. Der Ort der Unterbringung hat enorme Auswirkungen auf die Teilhabe der Flüchtlinge am gesellschaftlichen Leben, dem Zugang zum Ausbildungs- und Arbeitsmarkt, sowie dem Zugang zu Sprachkursen und der Infrastruktur eines Ortes (vgl. Klaus/Speer, 2015, S. 33). Aumüller und Bretl verglichen in ihrer 2008 erschienenen Studie „Die kommunale Integration von Flüchtlingen in Deutschland" vier Standorte in Deutschland, um einen Querschnitt der Bundesrepublik darstellen zu können. Gegenstand ihrer Studie waren die Städte Berlin, München, Jena und Schwäbisch-Hall. Anhand ihrer Analyse lässt sich feststellen, dass die Integration der Flüchtlinge von der jeweiligen wirtschaftlichen Lage vor Ort abhängt. Es gibt strukturelle Unterschiede in ost- und westdeutschen Bundesländern. Westdeutsche Bundesländer verfügen über eine längere Erfahrung im Umgang mit Flüchtlingen und konnten seit den 1980iger Jahren eine umfassende Aufnahme- und Versorgungsstruktur etablieren. In den ostdeutschen Bundesländern ist diese Struktur in Anfängen vorhanden und ausbaufähig (vgl. Aumüller/Bretl, 2008, S.140). Weitere Studien zu diesem Thema zeigen, dass bei der Unterbringung vor allem die Verkehrsanbindung, der Zugang zu Sprachkursen, die lokale Verwaltungspraxis und die Vermittlungsaktivitäten der Agentur für Arbeit eine ausschlaggebende Rolle bei der erfolgreichen Integration spielen (vgl. Klaus/Speer, 2015, S. 33).

<u>Unterkunft und Verkehrsanbindung</u>

Von der Lage der Unterkunft ist der Zugang zur lokalen Bildungs- und Freizeitinfrastruktur abhängig (vgl. Breckner in Gag/Voges, 2014, S.86). Flüchtlinge verfügen in der Regel nicht über einen Führerschein oder ein eigenes Auto und sind abhängig von öffentlichen Nahverkehrsmitteln. Arbeits- und Ausbildungsstätten zu einer außergewöhnlichen Arbeitszeit sind für Flüchtlinge, die im ländlichen Bereich untergebracht sind, kaum oder gar nicht zu erreichen. Auch der Zugang zu Sprachkursen und Besuche bei Verwaltungsbehörden gestalten sich für diesen Kreis an Personen schwierig (vgl. Klaus/Speer, 2015, S. 33f). Sind Flüchtlinge in mittleren Städten und Großstädten untergebracht, überwiegen klar die Vorteile.

Hier können sie auf einen wesentlich größeren Arbeits- und Ausbildungsmarkt zugreifen, kostengünstig öffentliche Verkehrsmittel benutzen und unkompliziert Sprachkurse und Verwaltungsbehörden erreichen.

Die Unterbringung in Gemeinschaftsunterkünften ist für viele Flüchtlinge ein weiteres großes Problem. Sie leben zusammen mit Menschen verschiedenster Nationen auf engem Raum. Besonders benachteiligt in diesem Zusammenhang sind die Kinder. Ihnen fehlt oft ein ruhiger Rückzugsort, um Hausaufgaben zu erledigen oder für die Schule zu lernen. Auch den Erwachsenen fehlen der Ort und die Ruhe zum Lernen, da viele Menschen sich kleine Zimmer teilen und dadurch mehrere Bedürfnisse aufeinander prallen. Die Küche als Gemeinschaftsort wird von den Flüchtlingen auch als Ort der Austragung ethnischer oder religiöser Konflikte wahrgenommen (Aumüller/Bretl, 2008, S.59f). Des Weiteren führen Verwaltungsentscheidungen dazu, dass Flüchtlinge ihre Unterkünfte mehrfach wechseln müssen. Dies trägt nicht dazu bei, dass die Menschen zur Ruhe kommen.

Zugang zu Sprachkursen /Ausbildungs- und Arbeitsmarkt

Eine erhebliche Rolle beim Zugang zum Bildungsmarkt spielt die Lage der Unterkunft. Für die Bewohner von Gemeinschaftsunterkünften im ländlichen Bereich sind die Sprachkurse und der Ausbildungs- und Arbeitsmarkt aufgrund fehlender Verkehrsanbindung nur schwer zugänglich. In vielen Unterkünften kümmern sich Ehrenamtliche um die Erteilung von Sprachkursen. Ohne dieses bürgerschaftliche Engagement könnten viele Flüchtlinge nicht am Deutsch-Lernen teilnehmen. Leider können diese Kurse nicht das Niveau eines institutionalisierten Sprachkurses erreichen. Zu viele verschiedene Sprachniveaus der Lernenden treffen aufeinander, um professionell eingebunden zu werden. In vielen Unterkünften finden die Sprachkurse nur ein oder zweimal in der Woche statt. Auf diese Weise lässt sich für die Flüchtlinge kein vertieftes Sprachniveau erreichen. Die staatlichen Integrationskurse des Bundesamtes für Migration und Flüchtlinge sind für Asylsuchende und Menschen mit Duldung nicht geöffnet, daher sind diese Personen auf die ehrenamtlichen Sprachkurse angewiesen (vgl. Speer/Klaus, 2015, S.34). Aumüller und Bretl stellten in ihrer Studie fest, dass die Integrationsarbeit in allen von ihnen untersuchten Kommunen auf dem starken Engagement der ehrenamtlichen Helfer und Helferinnen ruht (vgl. Aumüller/Bretl, 2008, S. 145f). Im Zusammenhang mit dem Zugang zum Ausbildungs- und Arbeitsmarkt stellten die beiden Autorinnen fest, dass dieser erheblich von der wirtschaftlichen Situation der jeweiligen Kommune geprägt ist. Während es in Schwäbisch Hall bspw. ein umfangreiches Angebot an Beschäftigung und an berufsbildenden Qualifizierungsmaßnahmen gibt, besteht diese Möglichkeit in den ostdeutschen Bundesländern, vertreten durch die Stadt Jena, so gut wie gar nicht. Schlechte strukturelle Bedingungen und eine hohe Arbeitslosigkeit verhindern den Zugang zu Beschäftigung. In den Großstädten sind für viele Flüchtlinge die Schwarzarbeit und der informelle Sektor oft die einzigen Möglichkeiten, in Arbeit zu kommen. Dabei arbeiten viele oft weit unterhalb ihres eigentlichen beruflichen Qualifikationsniveaus.

Allerdings muss an dieser Stelle erwähnt werden, dass sich die Bedingungen auf dem Ausbildungs- und Arbeitsmarkt für Flüchtlinge in den letzten Jahren sukzessive verbessert haben. Die große Flüchtlingswelle des letzten Jahres und der Fachkräftemangel in Deutschland tragen dazu bei, dass von politischer Seite verschiedene Gesetzesänderungen verabschiedet worden sind. Danach haben Asylsuchende mit Aufenthaltsgestattung und Geduldete die Möglichkeit, bereits nach drei Monaten (bisher 12 Monate) eine Beschäftigung aufzunehmen (vgl. www.esf.de).

> „Mit der dritten Verordnung zur Änderung der Beschäftigungsverordnung vom 29.07.2015 wird jungen Asylsuchenden und Geduldeten, die gute Bleibeperspektiven haben, der Zugang u.a. zu berufsorientierenden und ausbildungs- bzw. studienbegleitenden Praktika erleichtert. Hierzu zählen auch Einstiegsqualifizierungen oder Maßnahmen der Berufsausbildungsvorbereitung." (Enders et.al, 2015, S.9)

<u>Verwaltungspraxis</u>

Der Bearbeitungsstau der Asylanträge stellt eine Belastung für die Flüchtlinge selbst dar. Gezwungenermaßen müssen sie sieben statt drei Monate in überfüllten Unterkünften verbringen – unsicher darüber, wie sich ihre weitere Lebensperspektive gestaltet. Durch die langen Wartezeiten verändern sich auch die Zusammensetzung der Asylbewerberschaft und die Qualität des Prüfungsprozesses. Dabei bleiben Flüchtlinge mit Aussicht auf Anerkennung länger im Ungewissen, etwa Flüchtlinge aus dem Iran und aus Syrien (vgl. Thränhardt in impulse, 2014, S. 6). Speer und Klaus kommen in ihrer Studie „Der lange Weg zur Arbeit" zu dem Fazit dass sich die Verwaltungspraktiken der Kommunen in Teilen wesentlich unterscheiden. Es gibt demnach vorbildliche Kommunen, wo die Verbescheidung der Antragstellenden reibungslos verläuft. Allerdings wird in der Studie deutlich, dass es in einigen Kommunen dazu kommt, dass die Antragstellenden über keinerlei Dokumentation ihrer Anträge verfügen und bei Ablehnung ihres Antrags keinen rechtsmittelfähigen Bescheid ausgehändigt bekommen. So haben diese Personen keine Möglichkeit, die Behördenbescheinigungen einer gerichtlichen Prüfung zuzuführen (vgl. Speer/Klaus, 2015, S.34). Aumüller und Bretl weisen in ihrer Studie darauf hin, dass vor allem in Ostdeutschland die Mitarbeitenden bei Behörden und anderer Institutionen ein deutliches Defizit in Bezug auf die interkulturelle Kompetenz im Umgang mit Flüchtlingen aufweisen (vgl. Aumüller/Bretl, 2008, S. 97).

Insgesamt wird bei der Betrachtung der Lebensumstände der Flüchtlinge deutlich, dass zur erfolgreichen Integration ein formales Angebot an Sprachkursen, Maßnahmen der beruflichen Qualifizierung und Beschäftigung, sowie soziale Begegnungsmöglichkeiten von Nöten sind (ebd., S.144). Die Unterbringung in Gemeinschaftsunterkünften ist aufgrund der angespannten Wohnungsmarktsituation vieler deutscher Kommunen weiterhin gegeben. Ein Großteil der Flüchtlinge hat wegen ihrer unzureichenden finanziellen Mittel praktisch keine Möglichkeit, sich selbständig Wohnraum zu beschaffen (ebd., S.146). Der Zugang zu Sprachkursen variiert in den verschiedenen Kommunen. Ein genereller Zugang zu institutionalisierten Sprachkursen wäre für alle Flüchtlinge, ungeachtet ihres Rechtsstatus, wünschenswert. Die Integration in den Arbeitsmarkt ist an die wirtschaftliche Lage des jeweiligen Unterbringungsorts gekoppelt. Hier entstehen oft Probleme bei der Mobilität und Erreichbarkeit der Angebote seitens der Agenturen für Arbeit. Damit Flüchtlinge Beschäftigungsangebote, Praktika, Sprachkurse oder berufsbildende Qualifizierungsmaßnahmen wahrnehmen können, sollte vielerorts über einen Ausbau der Verkehrsanbindungen oder die Installation von Fahrdiensten nachgedacht werden (vgl. Speer/Klaus, 2015, S.36).

<u>Welche Leistungen bekommen die Flüchtlinge?</u>

Das Asylbewerberleistungsgesetz (AsylbLG) regelt, in welchem Umfang Asylsuchende versorgt werden. Was sie zum täglichen Leben benötigen, erhalten sie als Sachleistungen, solange sie in Erstaufnahme-Einrichtungen oder in Gemeinschaftsunterkünften untergebracht sind. Dies beinhaltet:

- Grundleistungen wie Essen, Unterkunft, Heizung, Kleidung, Gesundheits- und Körperpflege, Haushaltswaren
- Geldbetrag für notwendige persönliche Bedürfnisse ("Taschengeld")
- Medizinische Leistungen bei Krankheit, Schwangerschaft und Geburt sowie
- Schutzimpfungen

Wohnen Asylbewerber nicht in einer Gemeinschaftsunterkunft, werden die Grundleistungen ausgezahlt. Alleinstehende erhalten dann 216 Euro monatlich für Essen, Unterkunft und andere Grundbedürfnisse.

Durch das Asylpaket II wurde der Geldbetrag für den persönlichen Bedarf gekürzt. So erhalten Alleinstehende nur noch maximal 135 Euro für ihren persönlichen Bedarf. Insgesamt gelten strenge gesetzliche Voraussetzungen für staatliche Hilfen. Asylbewerber erhalten erst staatliche Leistungen, wenn sie ihr eigenes Vermögen oder Einkommen aufbraucht haben, wozu auch das Einkommen oder Vermögen der Familienangehörigen aus demselben Haushalt zählt. Für das Vermögen gilt ein Freibetrag von 200 Euro pro Familienmitglied. Verfügt jemand in einer Flüchtlingsunterkunft über Einkommen oder Vermögen hat, muss er/sie der Kommune die Kosten für die Unterbringung, Verpflegung und andere Sachleistungen erstatten (vgl. www.bundesregierung.de, 2016, S. 25).

5 Die pädagogische Arbeit mit jungen Flüchtlingen in der Berufsausbildung

> „Flüchtlinge sind Menschen in geschwächter Position: Sie benötigen besondere Unterstützung bei der Orientierung in neuer Umgebung, der Sicherung ihrer Rechte, ihres Lebensbedarfes und der Integration in das Gemeinwesen." (Treber in Krappmann, 2009, S.71)

Die erwachsenenpädagogischen Akteure haben in der aktuellen Flüchtlingssituation die besonders verantwortungsvolle Aufgabe, Flüchtlinge für eine berufliche Ausbildung vorzubereiten, sie während der Ausbildung zu unterstützen und in betriebliche Strukturen einzubinden, um dadurch die jungen Menschen nachhaltig mittel- bis langfristig in die Gesellschaft zu integrieren (vgl. Elm et al. in berufsbildung, 2016, S. 8). Die wissenschaftliche Auseinandersetzung über den Zusammenhang von Fluchtmigration und Erwachsenenbildung als Forschungsgegenstand steckt noch in den Kinderschuhen. Ebenso die Auseinandersetzung der Erwachsenenbildungswissenschaft mit dem Thema Flüchtlinge als Zielgruppe (vgl. Robak, 2015, S. 10). Dass es bisher keine bundeseinheitliche Regelung für die Förderung von Ausbildungsangeboten für Flüchtlinge gibt, macht deutlich, dass auch kein wirkliches Integrationskonzept in Bezug auf Ausbildung und berufliche Integration von Flüchtlingen in Deutschland existiert. Deshalb agieren die einzelnen Bundesländer bruchstückhaft mit eigenen Projekten, die von den Trägern der Erwachsenenbildung umgesetzt werden (ebd., S. 11).

> „Die Didaktik der sozialen und pädagogischen Flüchtlingsarbeit ist ein äußerst vernachlässigtes Forschungsfeld. Weder die Inhalte noch die Methoden der Betreuungs-, Bildungs- und Qualifizierungspraxis sind ausreichend empirisch auf ihre didaktische Plausibilität hin geprüft." (Schröder in Gag/Voges, 2014, S.24)

Das folgende Kapitel gibt eine Antwort auf die Frage, was genau die pädagogische Arbeit im Zusammenhang Flüchtlinge und Berufsausbildung ausmacht. Wie gelingt es den erwachsenenpädagogischen Akteuren, den jungen Menschen trotz widrigster Lebensumstände und schwieriger Lebensbedingungen, zur Entfaltung ihrer individuellen Potenziale zu verhelfen und sie durch Absolvierung einer Berufsausbildung zur gesellschaftlichen Teilhabe zu befähigen (vgl. Schroeder in Gag/Voges, 2014, S. 16)?

5.1 Die Anforderungen an die Pädagoginnen und Pädagogen in der beruflichen Ausbildung

Die pädagogischen Fachkräfte in der beruflichen Bildung sind der ganz entscheidende menschliche Faktor für ein erfolgreiches Gelingen der Berufsausbildung junger Flüchtlinge (vgl. Heister in Bylinski, 2014, S. 7).

Die pädagogische Arbeit mit den jungen Flüchtlingen umfasst die pädagogische Begleitung, die sich mit der Bewältigung der Lebenssituation und mit Themen rund um die Ausbildung beschäftigt, als auch den Teil der Erwachsenenbildung, der sich mit konkreten Lehr-Lern-Situationen auseinandersetzt. Als ein wesentlicher Faktor der pädagogischen Arbeit in der Berufsausbildung erweist sich die individuelle Unterstützung, die eng an den unterschiedlichen Bedürfnissen und Voraussetzungen der einzelnen Auszubildenden ausgerichtet ist (vgl. Müller et al., 2014, S. 98f). Das bedeutet, einzelfallbezogen mit den Jugendlichen und jungen Erwachsenen realisierbare Ausbildungsperspektiven zu entwickeln (vgl. Bylinski, 2014, S.17). Für eine gelingende pädagogische Arbeit mit den jungen Flüchtlingen ist eine übergreifende Zusammenarbeit der Lehrkräfte mit der Schulsozialarbeit, den betreuenden Sozialpädagogen/innen, den Ausbildenden sowie insbesondere auch mit den anderen Handelnden, wie bspw. der Ausländerbehörde oder der Agentur für Arbeit, im Leben der Jugendlichen außerhalb von Schule und Betrieb wesentlich (vgl. Anderson, 2016, S.16). Die Vernetzung und Kooperation aller am Ausbildungsprozess Beteiligten ermöglicht die gemeinsame Abstimmung über den weiteren Fortlauf der Ausbildung und eine gemeinsame pädagogische Intervention (vgl. Bylinski, 2014, S.17). Grundlegend für alle beteiligten Akteure ist eine wohlwollende und wertschätzende Begegnung mit den Flüchtlingen (vgl. Nagler/Lindner in Landeshauptstadt München-Dokumentation, 2013, S.15f). Aus bisher gewonnenen Erfahrungen in der pädagogischen Arbeit mit jungen Flüchtlingen lässt sich herausstellen, dass die Jugendlichen und jungen Erwachsenen trotz ihrer biografisch bedingten Belastungen, in der Regel über eine starke Psyche verfügen und eine hohe Lernbereitschaft mitbringen.

Die in der beruflichen Ausbildung tätigen Pädagogen/innen setzen sich aus einer Vielzahl verschiedener Berufsgruppen zusammen. Beteiligt am Ausbildungsprozess sind die Lehrkräfte der allgemeinbildenden Schulen, die Berufsschullehrkräfte, die Sozialpädagogen/innen, sowie die Ausbilder/innen (vgl. Bylinski, 2014, S. 21). Für ein gutes und zielgerichtetes Zusammenspiel aller Akteure kann ein gemeinsames Verständnis von professionellem pädagogischem Handeln entscheidend sein. Bylinski zitiert in ihrer Ausarbeitung zur Professionalisierung der pädagogischen Kräfte im Übergangshandeln von der Schule in die Berufsausbildung Arnold und Gomez Tutor. Die beiden Autoren sprechen von drei Dimensionen der Professionalität, an denen sich die Pädagogen/innen in ihrer beruflichen Handlungskompetenz orientieren können. *Wissen, Können* und *Reflektieren* sind laut Arnold und Gomez Tutor die Eckpfeiler der professionellen Arbeit im berufspädagogischen Kontext. Für die Planung, Organisation und Evaluation pädagogischer Situationen ist *Wissen* notwendig. Das *Können* spiegelt sich in der Durchführung und Gestaltung pädagogischen Handelns wieder. Die Fähigkeit zur *Reflexion* wird bei der Bewertung der pädagogischen Arbeit benötigt. Durch das Zusammenfügen der genannten Dimensionen entsteht eine professionelle und situative Handlungsfähigkeit der Pädagogen/innen (vgl. Arnold, Gomez Tutor in Bylinski, 2014, S. 25). Die Dimension *Wissen* umfasst die mitgebrachte Fachkompetenz, das wissenschaftliche Wissen und didaktische Kompetenzen. Methodenkompetenz, Evaluation, Beratung und kommunikative Kompetenz finden sich in der Dimension *Können*. Die dritte Dimension des *Reflektierens* beinhaltet die soziale-, emotionale und personale Kompetenz (ebd., S. 26). Durch die Kooperation und Vernetzung aller Akteure in der beruflichen Ausbildung kann aufgrund des beschriebenen Modells ein gemeinsames pädagogisches Handeln im Sinne der Zielgruppe erreicht werden.

5.2 Die begleitenden Pädagoginnen und Pädagogen

Wesentlich für eine erfolgreiche berufliche Ausbildung von Flüchtlingen ist die sozialpädagogische Begleitung. Die Sozialpädagogen/innen übernehmen für die Lernenden eine wichtige vermittelnde die Rolle zwischen Schule, Betrieb und umliegender Gesellschaft.

Dabei unterstützen sie enger Zusammenarbeit mit den Lehrkräften die Förderung der Schülerschaft. Die begleitenden Pädagogen/innen sollten über fundierte Kenntnisse im Ausländer- und Asylrecht verfügen, damit auftretende Probleme im Umgang mit den Ausländerbehörden, Jugendämtern und anderen Ämtern des Asylverfahrens im Sinne der Jugendlichen und jungen Erwachsenen geklärt werden können. Die Jugendlichen und jungen Erwachsenen können mit Fragen bezüglich gesundheitlicher Probleme, der unsicheren Wohnsituation an die begleitenden Pädagogen/innen heran treten, aber auch mit Fragen zu Betreuern und Vormündern oder mit ganz „normalen" jugendtypischen Themen. Nicht selten handelt es sich um Fragen in Bezug auf die Familien in den Herkunftsregionen (vgl. Anderson, 2016, S. 21f). Auch ist seitens der sozialpädagogisch Tätigen stets ein Intervenieren nötig, wenn es um Fragen des Asylbewerberleistungsgesetz und dem Asylverfahren in Bezug auf das Absolvieren einer Berufsausbildung geht (vgl. Kölsch in Krappmann et. al., 2009, S. 229). Zu Beginn der Berufsausbildung ist es wichtig, dass die begleitenden Pädagogen/innen den Jugendlichen und jungen Erwachsenen helfen, in der Schule anzukommen und ihren Platz im Klassenkollektiv, als auch im Betrieb zu finden. In der Zusammenarbeit mit den einzelnen Auszubildenden wird seitens der Pädagogen/innen Hilfestellung geleistet, damit diese sich am Wohnort zurechtfinden, eine kompetente Sprachförderung erhalten und Organisatorisches auf verschiedenen Gebieten abgearbeitet werden kann. Sie akquirieren Praktika und Ausbildungsstellen und besprechen mit den jungen Menschen weitere Perspektiven zu Ausbildung und Berufstätigkeit. Dabei steht stets die Frage der Lernmotivation im Mittelpunkt, die unter den Lebensumständen der jungen Flüchtlinge auf Dauer nur schwer aufrechtzuerhalten ist (vgl. Anderson, 2016, S 21). Eine zentrale Funktion der Sozialpädagogik stellt die Vernetzung mit anderen Akteuren außerhalb von Schule und Betrieb dar. Durch die Teilnahme an Arbeitskreisen mit Vertretern von anderen Institutionen sowie mit Wohlfahrtsverbänden und Initiativen in der Flüchtlingspolitik oder der Agentur für Arbeit kann ein dichtes Netz an Fach- und Expertenkräften geknüpft werden, das in der Summe eine hohe Beratungskompetenz vorhält. Der Austausch in Arbeitskreisen stellt einen wesentlichen Bestandteil der kooperativen Arbeit im Asyl- und Flüchtlingsbereich dar (ebd., S. 23).

In der pädagogischen Arbeit mit jungen Flüchtlingen ist es für sozialpädagogisch Tätige wesentlich, sich für die verschiedenen sozialen Lebensumstände der Zielgruppe zu sensibilisieren (vgl. Gravelmann, 2016, S. 57ff). Aufgrund der heterogenen Zusammensetzung der Zielgruppe herrschen kulturelle Differenzen in Bezug auf Familienbild, Religion, Rituale, Bedeutung von Gesten, Esskultur und der allgemeine Umgang miteinander. Das Wissen über die jeweilige Sozialisation, die Kultur und die Religion ist für die Sozialpädagogen/innen hilfreich, um Reaktionen, Entscheidungen und Verhaltensweisen der jungen Flüchtlinge richtig einordnen und deuten zu können. Daher empfiehlt es sich für die begleitenden Pädagogen/innen, regelmäßigen Fachaustausch zu betreiben. Die Teilnahme an Supervisionen und Fortbildungen zur Interkulturalität in die Arbeit zu integrieren und sich der unterschiedlichen kulturellen Aspekte bewusst zu sein (ebd., S. 62f).

Für die sozialpädagogische Arbeit sind folgende Kenntnisse und Fähigkeiten relevant:

- Kenntnisse bezüglich der kulturellen, ethnischen, politischen und religiösen Strukturen der Herkunftsländer. Gespräche können leichter gestaltet und mit Hintergrundwissen überzeugender durchgeführt werden. Daraus entsteht ein größeres Verständnis für die Handlungsweisen der jungen Menschen.
- Die Fähigkeit, fremdkulturelles Denken und Handeln nachzuvollziehen (vgl. ebd., S. 65f).
- Die Fähigkeit zur ganzheitlichen, wertfreien und vorurteilsfreien Sicht auf die Zielgruppe.
- Ständige Reflexion der eigenen kulturellen Prägung.
- Die Fähigkeit zum Umgang mit Ambivalenzen und die Auseinandersetzung mit der eigenen Persönlichkeit.
- Die Bereitschaft, die eigene interkulturelle Kompetenz durch Austausch, Fortbildung und Supervision ständig weiterzuentwickeln.
- ausgeprägte Kenntnisse über die aktuelle Gesetzgebung.
- Die Beherrschung adäquater Beratungsmethoden und der professionellen Gesprächsführung (ebd., S. 164)

„Gefordert ist eine reflektierte engagierte, belastbare, mitdenkende, kooperative, einfühlsame und flexible Fachkraft, die individuell unterstützend wie auch politisch aktiv für die Belange der [..] Flüchtlinge eintritt, dabei zugleich Nähe zulässt und Distanz wahrt." (Gravelmann, 2016, S.164)

5.3 Die lehrenden Pädagogen und Pädagoginnen

Viele der Lernenden bringen eine bewegte, in Teilen auch traumatische Biografie mit. Daher dient ihnen der Lernort neben dem Lernen auch als ein Ort der Geborgenheit. Das pädagogische Personal übernimmt in diesem Zusammenhang eine betreuende Rolle weit über die Zeit des Unterrichts hinaus. Der Unterricht bietet den jungen Menschen erstmals seit ihrer Ankunft in Deutschland einen über einen längeren Zeitraum stabilen Rahmen, umgibt sie mit festen Bezugspersonen und einem geregelten Ablauf. Gleichzeitig erhalten sie klar definierte und individuell erreichbare Ziele. Dabei übernehmen die Lehrkräfte eine besondere Vorbildfunktion (vgl. Anderson, 2016, S. 16). Als eine große Herausforderung für die Lehrenden stellen sich die stark differenzierenden Deutschkenntnisse und die teilweise notwendige Alphabetisierung der Schülerschaft dar. Damit einhergehend haben es die Lehrenden mit einem sehr heterogenen Leistungsvermögen und unterschiedlichsten Bildungsniveaus zu tun. Hierbei ist es entscheidend, Leistungsdefizite auszugleichen und gleichzeitig allen Anforderungen der Lernenden gerecht zu werden (vgl. Hochleitner in berufsbildung, 2016, S. 12). Zum Gelingen einer erfolgreichen Arbeit im Unterricht mit den Jugendlichen und jungen Erwachsenen ist es wesentlich, dass die Lehrenden freiwillig und überzeugt in die Lehr-Lehr-Situationen gehen, denn die pädagogische Arbeit überwiegt und ist vor allem von einer professionellen Beziehungsgestaltung bestimmt. Die pädagogische Arbeit mit jungen Flüchtlingen verlangt eine positive und empathische Grundeinstellung gegenüber der Thematik Migration und Flucht, sowie die Fähigkeit, humorvoll zu erziehen und zu unterrichten. Immer wieder müssen die schwierigen Situationen der Flüchtlinge berücksichtigt werden, die sich aus den Traumata der Schülerinnen und Schülern ergeben. Hier erweist es sich als sehr wichtig, den Lernenden ein positives Selbstwertgefühl zu vermitteln und durch persönliche Bindung möglichen Traumata zumindest im schulischen Kontext positiv zu begegnen (vgl. Ministerium für Kultus, Jugend und Sport des Landes BW, 2015, S. 11). Die Institutionen in denen die Lernorte angesiedelt sind, sollten ein positives Beziehungsfeld mit guten sozialen Erfahrungen durch zuverlässige Lehrkräfte als Bezugspersonen, schaffen. So kann der Seelenzustand traumatisierter Jugendlicher durch ermutigende und positive Emotionen stabilisiert werden (vgl. Gahleitner et al. in Ministerium für Kultus, Jugend und Sport des Landes BW, 2015, S. 11). Das pädagogische Handeln erfordert von den Erwachsenenbildnern, neben der Vermittlung von fachlichen Inhalten, die Fähigkeit, die eigene Unterrichtsgestaltung an die jeweilige Situation und den dazugehörigen Kontext anzupassen und auf individuelle Bedürfnisse und Wünsche der Teilnehmenden eingehen zu können (vgl. Öztürk, 2014, S. 87). Das Aufrechterhalten und die Förderung der hohen Motivation, die die Jugendlichen und jungen Erwachsenen mitbringen, sollte nicht durch einen künstlich erzeugten Leistungsdruck destabilisiert werden (vgl. Rösch in Staatsinstitut für Schulqualität und Bildungsforschung München, 2015, S.10). Neben den fachlichen und sozialen Kompetenzen, die die Lehrende in diesem Bereich mitbringen sollten, ist eine ausgeprägte Kultursensibilität im Umgang mit der heterogenen Schülerschaft wünschenswert. Mit Kultursensibilität ist im kulturwissenschaftlichen Sinne, der Umgang mit individuellen und kollektiven Werte- und Normensystemen, die den Alltag der jeweiligen Gesellschaft bestimmt, gemeint (vgl. Kalpaka/Mecheril in Staatsinstitut für Schulqualität und Bildungsforschung München, 2015, S.10). Die unterschiedlichen Werte- und Normensysteme der jungen Menschen, die sich durch verschiedene Herangehensweisen in Bezug auf Essen, Kleidung, Verständnis von Religion, Geschlechterrollen, so wie dem Verständnis von Lehren und Lernen, verlangen von den Lehrkräften ein umfassendes Verständnis im Umgang mit anderen kulturspezifischen Eigenschaften. Die meisten Lernenden sind in anderen Schulsystemen sozialisiert worden und schreiben den Lehrenden eine hohe Autorität zu. Dadurch bringen sie zu Beginn nicht den Mut auf, nachzufragen oder Erklärungen einzufordern. Erst mit zunehmendem Vertrauen gegenüber der Lehrperson ist es ihnen möglich, über Lernprobleme und individuelle Schwierigkeiten zu sprechen. Ebenso ist es für diese Zielgruppe in den meisten Fällen neu, andere, freiere Unterrichtsformen, wie bspw. Gruppenarbeit, anzunehmen. Das behutsame Einarbeiten in andere Lernmethoden hilft den Jugendlichen und jungen Erwachsenen, Freude an anderen Formen des Lernens zu gewinnen und gleichzeitig ihre Autonomie zu stärken. Auch der konstruktive und positive Umgang mit Fehlern muss vielen Lernenden beigebracht werden (vgl. Staatsinstitut für Schulqualität und Bildungsforschung München, 2015, S.11). Die jungen Flüchtlinge in der Berufsausbildung können von den Qualifikationen und praktischen Erfahrungen der Fachlehrer/innen an den Berufsschulen profitieren. Diese Lehrkräfte bringen andere berufliche Erfahrungen und eine wertvolle und anders geprägte Sicht auf Ausbildung und Arbeitswelt mit, als die meisten akademisch ausgebildeten Lehrkräfte. Auch die Vielfalt von Lehrenden mit einem anderen kulturellen Hintergrund macht die besondere Qualität von den Berufsschulen aus. Durch ihre Sprachkenntnisse und durch ihre interkulturelle Kompetenz können diese Lehrkräfte eine besondere Vertrauensbasis mit der Schülerschaft aufbauen (vgl. Anderson, 2016, S. 16).

Zusammenfassend können folgende Anforderungen an die lehrenden Pädagogen festgehalten werden:

- Freiwillige Bereitschaft zur pädagogischen Arbeit mit der besonderen Zielgruppe Flüchtlinge
- ausgeprägte Bereitschaft zur Beziehungsarbeit
- hohes Maß an sozialer Kompetenz, Empathie, Verlässlichkeit, offenes Wesen
- ausgeprägte interkulturelle Kompetenz
- die Fähigkeit, Heterogenität auszuhalten und zu gestalten
- Bereitschaft zur Auseinandersetzung mit interkulturellem Lernen
- Kompetenzen bzgl. des Sprachunterrichts in Deutsch (Aussprache/ Hochsprache,
- Grammatik, Didaktik), sowie Freude an Sprache
- ständige Lern- und Fortbildungsbereitschaft (vgl. Ministerium für Kultus, Jugend und Sport des Landes BW, 2015, S. 12).
- Vorleben einer positiven Fehlerkultur
- Fähigkeit, den Unterricht an den Lebenswelten der Lernenden auszurichten
- flexibler Umgang mit Lernmaterialien
- Fähigkeit zur Einhaltung einer Balance zwischen Nähe und Abstand gegenüber den Schülerinnen und Schülern
- Bereitschaft zur Inanspruchnahme kollegialer Unterstützung (vgl. Trägerkreis Junge Flüchtlinge e.V. in Staatsinstitut für Schulqualität und Bildungsforschung, 2015, S. 12).

Didaktische Konzepte finden sich zum Thema Unterricht mit jungen Flüchtlingen nur wenige. Aus dem Schulalltag der Vorbereitungsklassen ist das VABO-Konzept bekannt, welches in Kapitel 6.2. an einem praktischen Beispiel ausführlich erläutert wird.

6 Die Teilhabe junger Flüchtlinge an beruflicher Bildung

Das Jugendalter stellt einen bedeutsamen Lebensabschnitt dar, wenn es darum geht Bildungsabschlüsse zu erwerben, Vorstellungen über die berufliche Zukunft zu entwickeln und in das Beschäftigungssystem einzusteigen (vgl. Stauber et.al. in Gag/Voges, 2014, S.31). Um beruflich erfolgreich in der globalisierten Welt bestehen zu können, ist es wichtig eine angemessene Bildungs- und Ausbildungszeit absolviert zu haben. Bildungsforscher auf internationaler Ebene legen dafür eine Zeitspanne bis zu fünfzehn Jahren zu Grunde (vgl. Schröder/Seuwka in Gag/Voges, 2014, S. 31). Flüchtlingen fällt es besonders schwer, dieser Forderung nachzukommen. Aufgrund ihrer Lebensumstände, der Flucht selbst, den verschiedenen Stationen ihres Weges in unterschiedlichen Ländern und den damit verbundenen Unterbrechungen ihres Bildungsweges, können sie keine zusammenhängende Bildungsbiografie vorlegen (vgl. Gag/Voges, 2014, S.31). Durch einen nachhaltigen Ausschluss von Bildung und Arbeitsmarkt verlieren viele der Geflüchteten ihre Beschäftigungsfähigkeit. Sie können mitgebrachte Kompetenzen und Qualifikationen aus den Herkunftsländern nicht einsetzen und bleiben dem Ausbildungs- und Arbeitsmarkt für lange Zeit fern (vgl. Gag/Voges, 2014, S.9). Westphal und Behrensen kritisieren die fehlende erziehungswissenschaftliche Auseinandersetzung in Bezug auf Flüchtlinge in Bildung und Erziehung (vgl. Behrensen/Westphal in Bohmeyer et.al, 2009, S.45). Noch vor einigen Jahren hatte die wissenschaftliche Literatur zu diesem Thema folgenden Standpunkt:

> „Insgesamt ist hinsichtlich der aktuellen migrationspolitischen Diskussion festzuhalten, dass derzeit kaum ein politischer Wille erkennbar ist, Flüchtlinge – junge wie erwachsene – überhaupt als Bildungssubjekte anzuerkennen." (Behrensen/Westphal in Bohmeyer et.al., 2009, S.46)

Das ist angesichts der aktuellen Lage der Flüchtlingssituation so nicht mehr haltbar und es beginnt auch seitens der Bundesregierung ein verändertes Denken. „Bildung macht stark – das gilt besonders für die Flüchtlinge, die gegenwärtig nach Deutschland kommen." (Bamf, 2016) Demnach ist Integration ohne Bildung nicht möglich. Auch das Bundesbildungsministerium will die Integration von Flüchtlingen mit zwei großen Maßnahmenpaketen unterstützen. Dazu gehören das Deutschlernen bis hin zur Aufnahme einer Ausbildung oder eines Studiums (vgl. Bamf, 2016). Um eine Berufsausbildung erfolgreich absolvieren zu können, ist der Erwerb der deutschen Sprache zwingend voraussetzend.

> „Der Integrationskurs ist das staatliche Kernangebot zur nachhaltigen sprachlichen und gesellschaftlichen Integration von Zuwandernden mit aufenthaltsrechtlichen und leistungsrechtlichen Auswirkungen. Mit den gesetzlichen Änderungen werden Anpassungen des Integrations-kurssystems an den gestiegenen Bedarf vorgenommen und mehr Effizienz sowie Transparenz geschaffen. Die Verpflichtungsmöglichkeiten werden ausgeweitet und ein frühzeitiger Spracherwerb wird sichergestellt." (Deutscher Bundestag, 2016, S.2)

Für Asylsuchende, die aufgrund verschiedener rechtlicher Bestimmungen nicht an den Integrationskursen teilnehmen können, gibt es kein bundesweites Angebot an kostenlosen Sprachkursen (vgl. Weiser, 2013, S. 35). Die Erwachsenenbildung mit ihren Einrichtungen versucht diesem Dilemma mit der Öffnung ihrer Sprachkurse für noch nicht anerkannte Flüchtlingsgruppen, zu begegnen. Auch das vielfältige Engagement der Ehrenamtlichen, die in Flüchtlingsunterkünften und in den Räumlichkeiten von Vereinen und öffentlichen Gebäuden, wie bspw. Bibliotheken, die deutsche Sprache unterrichten, leistet hier einen großen Beitrag (vgl. Robak, 2015, S. 11).

Die Situation der beruflichen Bildung an staatlichen Berufsschulen gestaltet sich von Bundesland zu Bundesland unterschiedlich. In einzelnen Bundesländern können Flüchtlinge berufsbildende Schulen und Berufskollegs besuchen, um in einem Berufsvorbereitungsjahr ihren Schulabschluss (Hauptschulabschluss oder mittlere Reife) nachzuholen. Dieser qualifiziert sie später zur Berufsausbildung (vgl. Weiser, 2013, S. 37). Das Bundesland Bayern hat 2010 in einem Pilotprojekt die „Flüchtlingsklassen" an berufsbildenden Schulen ins Leben gerufen (vgl. Maly in Landeshauptstadt München, Sozialreferat, 2013, S 3). Hier können Flüchtlinge zwischen 16-25 Jahren einen Hauptschulabschluss erwerben und anschließend in Ausbildungsverhältnisse vermittelt werden. Sie erhalten während des ein- oder zweijährigen beruflichen Unterrichts in Vollzeit eine intensive sprachliche Vorbereitung, sowie eine berufliche Orientierung. Dabei werden sie über den gesamten Zeitraum sozial-pädagogisch betreut (vgl. Weiser, 2013, S. 43).

Des Weiteren haben die jungen Flüchtlinge die Möglichkeit, berufsvorbereitende Bildungsmaßnahmen, die von der Agentur für Arbeit finanziert werden, in Anspruch zu nehmen. Die ausführenden Bildungsträger bereiten die jungen Menschen in einem Zeitraum von bis zu zwölf Monaten auf eine Berufsausbildung vor (ebd., S. 45). Neben den berufsvorbereitenden Bildungsmaßnahmen können Flüchtlinge auch eine schulische Berufsausbildung absolvieren, sofern sie über einen bestimmten Schulabschluss verfügen. Dies gilt vor allem für die Erzieherausbildung, für die Alten- und Krankenpflege, sowie für einige technische Berufe. Allerdings kommen hier teilweise Kosten wie etwa Schulgeld auf. Diese Art der Berufsausbildung steht allen Flüchtlingsgruppen offen (ebd., S. 51).

Abschließend soll hier noch das Vorqualifizierungsjahr Arbeit/Beruf mit Schwerpunkt Erwerb von Deutschkenntnissen (VABO) erwähnt werden. Durch das Bereitstellen einer interpersonalen und atmosphärischen Infrastruktur soll sichergestellt werden, dass die jungen Flüchtlinge leichter im deutschen Schulsystem ankommen können. Das gesamte pädagogische und didaktische Handeln bezieht sich auf den Erwerb der deutschen Sprache. Zusätzlich zum Spracherwerb erhalten die jungen Menschen eine Orientierung für die weitere schulische Laufbahn als auch Perspektiven im Hinblick auf den Einstieg in eine berufliche Ausbildung (vgl. Ministerium für Kultus, Jugend und Sport des Landes BW, 2015, S. 6).

Insgesamt lässt sich feststellen, dass zumindest schulpflichtige Flüchtlinge den gleichen rechtlichen Zugang zu Bildungsangeboten haben wie Inländer (vgl. Weiser, 2013, S. 75). Seit 2008 dürfen auch Jugendliche und junge Erwachsene mit ungesichertem Aufenthaltsstatus eine duale Ausbildung absolvieren. Der Gesetzgeber hat durch das neue Integrationsgesetz vom Mai 2016 klargestellt, dass die berufliche Bildung dieser Zielgruppe, unter bestimmten Bedingungen, ausdrücklich erwünscht ist. Damit haben sich die rechtlichen Rahmenbedingungen zur Aufnahme einer Ausbildung für die jungen Flüchtlinge erheblich verbessert (vgl. Müller et al., 2014, S. 33).

Das anschließende Kapitel geht auf die Situation der beruflichen Ausbildung speziell im Bundesland Baden-Württemberg ein.

6.1 Die bildungspolitische Situation in Baden-Württemberg in Bezug auf die Zielgruppe

Für das Land Baden-Württemberg haben die Partner des „Ausbildungsbündnisses BW zur Stärkung der beruflichen Ausbildung und des Fachkräftenachwuchses in Baden-Württemberg 2015 – 2018" ein umfassendes Programm beschlossen. Zu den Partnern dieses Bündnisses gehören Vertreter verschiedenster gesellschaftlicher und wirtschaftlicher Ebenen, wie beispielsweise die Gewerkschaften, die Industrie und Handelskammer, mehrere Ministerien des Landes, die Bundesagentur für Arbeit und kommunale Zusammenschlüsse wie Städte- und Gemeindetag. Laut den Teilnehmenden dieses Bündnisses gehören Ausbildung und Beschäftigung zu den wichtigsten Voraussetzungen für eine gelingende Integration. Daher will die große Zuwanderung als Chance für Wirtschaft und Gesellschaft begriffen werden. Flüchtlinge sollen in Ausbildung und Arbeit gebracht werden, um ihnen dadurch gesellschaftliche Teilhabe zu sichern. Der beruflichen Ausbildung soll in diesem Zusammenhang eine wesentliche Rolle zukommen. Die Partner des Bündnisses sehen hier eine wichtige Maßnahme um dem Fachkräftemangel in Baden-Württemberg entgegen zu treten (vgl. mfw.baden-wuerttemberg.de, 2015, S.2ff). Wesentliche Eckpunkte dieses Programmes sind:

- Für Jugendliche und junge Erwachsene zwischen 15 und 20 Jahren stehen ca. 300 Klassen "Vorqualifizierungsjahr Arbeit / Beruf mit Schwerpunkt Erwerb von Deutschkenntnissen" (VABO) in beruflichen Schulen zur Verfügung In diesen Klassen befinden sich derzeit rund 5.000 Jugendliche.

- Sicherstellung für die über 20-jährigen Flüchtlinge eines vergleichbaren qualitativ hochwertigen Angebotes für den Spracherwerb.

- Frühzeitige Erfassung von Kompetenzen und Qualifikationen der Flüchtlinge.

- Mehr Rechtssicherheit bei der Beschäftigung von Flüchtlingen durch die 3+2 Regelung (dreijährige Aufenthaltserlaubnis zur Absolvierung einer beruflichen Ausbildung mit anschließendem zweijährigem Aufenthaltsrecht zur Aufnahme einer Beschäftigung) schaffen.

- Anhebung der Altersgrenze für eine berufliche Ausbildung auf 25 Jahre.

- Zusätzliche Sprachförderung während der Ausbildung.

- Flexible Nutzung und Ausbau der variablen Einstiegsmöglichkeiten in Ausbildung.

Rechtliche Instrumente wie die assistierte Ausbildung sowie ausbildungsbegleitende Hilfen stehen zur Verfügung, damit eine erfolgreiche Ausbildung gewährleistet werden kann. Die Agenturen für Arbeit und die Jobcenter sind für die Vermittlung von jungen Flüchtlingen in Ausbildung zuständig. Sie fördern ausbildungsbegleitende Hilfen und die assistierte Ausbildung. Ergänzend werben Kammern und Verbände für die Vermittlung und für den Einsatz der ausbildungsbegleitenden Hilfen. Das Land BW und Bundesagentur für Arbeit fördern ab 2016 Modellprojekte zur Integration von jungen Flüchtlingen mit Förderbedarf "Junge Flüchtlinge in Ausbildung" (JuFA). Ab 2016 fördert das Land BW regionale "Kümmerer". Ihre Aufgabe ist es, junge Flüchtlinge mit geringem Förderbedarf zu identifizieren, zu betreuen und in Einstiegsqualifizierung und Ausbildung zu vermitteln. Weiterhin sollen die „Kümmerer" die Betriebe bei der Ausbildung der

Flüchtlinge unterstützen (vgl. mfw.baden-wuerttemberg.de, 2015, S.5). Zwei dieser Projekte werden im folgenden Kapitel vorgestellt und näher beleuchtet.

Die in diesem Feld der Erwachsenenbildung tätigen Lehrenden stehen oft unsicheren und schlecht bezahlten Arbeitsverhältnissen gegenüber. Der neu geschlossene Koalitionsvertrag der Landesregierung BW sieht vor, den oft prekären Beschäftigungssituationen von pädagogischen Lehrkräften entgegen zu kommen. So sollen die Arbeitsbedingungen verbessert werden (vgl. Flüchtlingsrat Baden-Württemberg, 2016). Dazu findet sich folgende Passage im Koalitionsvertrag:

> „Gute und motivierte Lehrerinnen und Lehrer sind der Schlüssel zum Erfolg. Für ihre verantwortungsvolle Aufgabe brauchen sie eine hochwertige Ausbildung, verlässliche Rahmenbedingungen und eine hohe Wertschätzung." (www.baden-wuerttemberg.de)

6.2 Projekte im Land Baden-Württemberg

Stellvertretend für viele Ausbildungsinitiativen im Land Baden-Württemberg sollen in diesem Kapitel zwei Projekte der Caritas in der Region Stuttgart und Ludwigsburg vorgestellt werden. Hierbei handelt es sich zum einen um das Projekt „JuFA - Fit in den Beruf", welches in Ludwigsburg seit Januar 2016 durchgeführt wird. Und zum anderen um das „Kümmerer-Projekt" der Stadt Stuttgart, welches im Juni 2016 gestartet ist.

<u>Projekt „JuFA-Fit in den Beruf" Caritasverband für Ludwigsburg-Waiblingen-Enz e.V. am Standort Ludwigsburg</u>

Das „JuFA- Projekt" richtet sich an 12 Jugendliche und junge Erwachsene, die vorrangig unter 25 Jahre alt sind und noch keine Berufsausbildung absolviert haben und diese ohne eine Förderung und Begleitung nicht selbstständig bestehen können (vgl. Parylak, 2015, S. 27f). Die jungen Menschen in der Maßnahme sind grundsätzlich für eine Ausbildung geeignet, bringen das Sprachniveau B1 mit und formulieren ihren Ausbildungswunsch im dualen Bereich der Berufsausbildung. Die rechtliche Grundlage bildet das SGB III Gesetz, demnach werden in dieser Maßnahme Personen gefördert, die geduldet sind nach § 60a AufenthG, Personen mit einer Aufenthaltserlaubnis § 25 Abs. 3,Abs. 4 Satz 2, Abs. 5 AufenthG und Personen, die eine Aufenthaltsgestattung nach §§55 des Asylverfahrensgesetz besitzen.

Ziele des Projekts im Hinblick auf die Teilnehmenden sind:

- der erfolgreiche Abschluss einer Berufsausbildung,

- die Stärkung der Motivation und die dauerhafte Aktivierung für das Erwerbsleben,

- so wie die Schulung von Schlüsselkompetenzen und der Eigenverantwortung.

Wesentlich zur Erreichung dieser Ziele sind die pädagogische Betreuung und die gezielte Förderung der Teilnehmenden. Mit bedarfsgerechten Hilfen soll die persönliche und soziale Stabilisierung der Maßnahmeteilnehmenden unterstützt und ihnen der nachhaltige Einstieg in den deutschen Arbeitsmarkt erleichtert werden.

Mit der Maßnahme soll dem Fachkräftemangel in bestimmten wirtschaftlichen Bereichen entgegen getreten werden. Daher werden auch die Bedarfe der teilnehmenden Betriebe hinsichtlich stark nachgefragter Berufsfelder berücksichtigt. Die Arbeitgeber werden im Laufe der Maßnahme bei Problemstellungen im Betrieb durch den Projektträger unterstützt. Bei Bedarf besteht die Möglichkeit, interne Mitarbeitende durch Coaching für Konfliktmanagement und Lösungsstrategien zu sensibilisieren und ihnen adäquate Handlungsfähigkeiten im Umgang mit den Auszubildenden zu vermitteln (ebd., S. 27).

Der pädagogischen Arbeit im Projekt liegt das SAVE-Prinzip zu Grunde, welches die spezifischen Bedingungen von Migration und Flucht berücksichtigt. Den Lernenden soll ein geschützter Raum zur Verfügung stehen, der durch eine offene Atmosphäre, den in belastenden und ungewissen Lebenssituation lebenden Teilnehmenden, ein angstfreies Miteinander ermöglicht. In dieser Konstellation, begleitet durch verlässliche Personen und Strukturen können sie Vertrauen in die eigenen Fähigkeiten und eine Zukunftsperspektive entwickeln. Ein Eckpfeiler dieses pädagogischen Prinzips sind die wertschätzenden und empathischen Beziehungen aller beteiligten Akteure zueinander, die auch die Einbindung der Teilnehmenden in das soziale Leben in und außerhalb des Lernorts ermöglichen sollen (vgl. Ministerium für Kultus, Jugend und Sport, BW, 2015, S. 5).

Das Prinzip SAVE bedeutet „schützen, schonen, bewahren". Das S steht für Struktur, Verlässlichkeit und Ordnung. Für die Atmosphäre, die Offenheit und das angstfreie Lernen steht A. Das V bezieht sich auf die Beziehungen aller beteiligten zueinander und die pädagogische Arbeit und das E steht für die Einbindung in die Lerngemeinschaft im Einzelnen und für die Integration im Gesamten (ebd., S. 5).

Die Maßnahme ist in verschiedene Phasen gegliedert. Bevor die Jugendlichen und jungen Erwachsenen ihre duale Ausbildung beginnen, durchlaufen sie eine Vorbereitungsphase, die eine intensive sprachliche, sozial-pädagogische, so wie eine psychologische Betreuung beinhaltet. Dabei werden die grundlegenden Richtlinien von VABO - Vorqualifizierungsjahr Arbeit/Beruf mit Schwerpunkt Erwerb von Deutschkenntnissen genutzt. Schwerpunkte dabei sind:

- der Aufbau einer positiven Klassenatmosphäre
- bedarfs- und teilnehmerorientierte Lehr- und Lernsettings
- niveaudifferenzierte und individuelle Lernberatung der Teilnehmenden
- regelmäßiger Austausch von Lehrkräften und Projekt Coaches
- berufsbezogener Sprachunterricht, neben dem klassischen Deutsch-Lernen.

Während der Vorbereitungsphase erhalten die Teilnehmenden einen umfangreichen Deutsch-Sprachkurs, der neben dem Spracherwerb auch die Förderung der fachlichen und individuellen Kompetenzen der Lernenden zum Ziel hat. Neben dem Erwerb der Sprache wird ein individueller Förderplan für die Maßnahmeteilnehmenden erstellt, der die Förderschwerpunkte und Ziele festlegt (vgl. Parylak, 2015, S. 29). Der Berufswunsch wird formuliert und mit der in der Praxis vorhandenen Ausbildungsstellen abgeglichen. Im Anschluss daran erfolgt eine intensive Praktikums- und Ausbildungsakquise. Zusammen mit den Teilnehmenden werden aussagekräftige Bewerbungsunterlagen erstellt und typische Bewerbungs-und Vorstellungsszenarien trainiert.

Die sozialpädagogische Begleitung soll die Bewältigung von Hemmnissen durch Herstellung einer individuellen Grundstabilität der zukünftigen Auszubildenden erreichen. Um vorzeitige Abbrüche der Maßnahme zu vermeiden, ist der Aufbau eines Vertrauensverhältnisses zwischen den Pädagogen/innen und den Teilnehmenden wesentlich. Dies beinhaltet seitens der Pädagogen/innen in Bezug auf die Jugendlichen und jungen Erwachsenen, die Förderung und Stabilisierung der persönlichen, der sozialen, der lebenspraktischen und der arbeitsweltbezogenen Kompetenzen. Des Weiteren steht den Maßnahmeteilnehmenden eine psychologische Betreuung zur Verfügung, welche im Umgang mit Traumata und deren Folgen geschult ist (vgl. Parylak, 2015, S. 28f).

In der zweiten Phase des Projekts steht die Stabilisierung der tatsächlichen Ausbildung im Vordergrund. Wichtig hierfür ist die pädagogische Begleitung der Auszubildenden. Die für die Teilnehmenden verantwortlichen Pädagogen/ innen stehen den Auszubildenden im Betrieb und in der Berufsschule zur Seite, führen regelmäßige Gespräche mit Ausbildern und Berufsschullehrkräften und helfen in Krisen- und Konfliktsituationen durch Intervention. Die intensive Zusammenarbeit von Ausbildungsbetrieben, Berufsschule und Projektmitarbeitenden ist eine wichtige Säule, die zur erfolgreichen Umsetzung des Projekts eine tragende Rolle einnimmt.

Das Projekt „JuFA-Fit in den Beruf" wurde zertifiziert nach AZAV- Zulassung von Maßnahmen der Arbeitsförderung (vgl. www.apv-zert.de/azav-massnahmenzulassung.de, 2016). Daher werden die geforderten Ansprüche des Qualitätsmanagements umgesetzt. Dem Projekt zugehörig ist eine dem Qualitätsmanagement entsprechende Evaluation, die neben projektbezogenen und teilnehmerbezogenen Daten auch Daten zur Wirkung des Kooperationsprojekts insgesamt erheben. Des Weiteren wird die Förderung im Sinne des Gendermainstreaming im Projekt umgesetzt (vgl. Parylak, 2015, S 37).

<u>Projekt „Kümmerer" Caritasverband für Stuttgart e.V. am Standort Stuttgart- Feuerbach</u>

Das Ministerium für Finanzen und Wirtschaft Baden-Württemberg fördert mit ca. 3,6 Millionen Euro in den Jahren 2016 und 2017 landesweit 37,5 Stellen für „Kümmerer-Projekte", um so die Integration der jungen Flüchtlinge in die Berufswelt zu verbessern und voran zu treiben. Zur Aufgabe der Kümmerer gehört die Identifizierung von geeigneten jungen Flüchtlingen, die eine Berufsausbildung absolvieren können. Die Betreuung und die passgenaue Vermittlung auf Praktikums- und Ausbildungsplätzen bilden neben der Unterstützung der beteiligten Betriebe die Kernpunkte der Aufgabenbeschreibung der Kümmerer (vgl. www.baden-wuerttemberg.de, 2016).

Der Caritasverband für Stuttgart e.V. (CVS) deckt seit Juni 2016 zwei der 37,5 Stellen ab. Die beiden Kümmerer-Stellen sind dem Projekt BaEplus (Berufsausbildung in außerbetrieblichen Einrichtungen) / Ausbildungschance der Jugendberufshilfe im CVS angegliedert. Diese Konstellation ermöglicht den Mitarbeitenden des Kümmerer-Projekts auf ihre Erfahrungen im Bereich der Jugendberufshilfe zurückzugreifen (vgl. Heimerdinger, Juwig, 2015, S. 1). Der CVS ist ein erfahrener Akteur am Ausbildungs- und Arbeitsmarkt im Raum Stuttgart und kann auf ein umfangreiches Netzwerk an Kooperationsbetrieben, Berufsschulen, Kammern, der Agentur für Arbeit, dem Jobcenter, sowie dem Trägernetzwerk in Stuttgart zurückgreifen. Auch in der Flüchtlingsarbeit ist der CVS tätig und betreut derzeit ca. 1700 Flüchtlinge in 23 Unterkünften. Deshalb ist es dem CVS möglich, von einem breiten Beratungs- und Unterstützungssystem zu profitieren, um eine ganzheitliche Betreuung und Beratung der jungen Menschen sicherzustellen (ebd., S. 4).

Das Projekt ist insgesamt für zwei Jahre angelegt und soll ca. 80 Jugendlichen und jungen Erwachsenen Unterstützung bieten. Das Ziel der Maßnahme ist die erfolgreiche Vermittlung geeigneter Flüchtlinge und Asylbewerber in Ausbildung.

Zur Identifizierung der Teilnehmenden des Projekts werden von den Mitarbeitenden des CVS Informationsveranstaltungen zur betrieblichen Ausbildung in den Flüchtlingsklassen der Berufsschulen durchgeführt. Im Rahmen dieser Veranstaltungen stellen die Kümmerer sich vor und erläutern die Ziele, die Regeln und die Vorgehensweise des Projekts. Im Anschluss daran können sich Jugendliche, die sich beruflich entwickeln wollen, binnen einer Frist verbindlich im Projekt anmelden. Auch können die Berufsschullehrkräfte geeignete Kandidaten empfehlen (vgl. Heimerdinger, Juwig, 2015, S. 2).

Nach der Anmeldephase finden die Erstgespräche statt, in denen sich die potenziellen Auszubildenden und die Kümmerer kennenlernen, der Berufswunsch abgeklärt und eine Kompetenzanalyse erstellt wird. Die Kümmerer erwerben einen ersten Eindruck der Lebensumstände der Teilnehmenden und planen gemeinsam die weiteren Schritte. Im Rahmen einer zielgerichteten Ausbildungsvorbereitung werden den Teilnehmenden verschiedene Ausbildungsberufe vorgestellt und Eignungstests durchgeführt. In Zusammenarbeit mit der Agentur für Arbeit erfolgt ein Matching der persönlichen Interessen und Fähigkeiten der zukünftigen Auszubildenden mit den Gegebenheiten der Ausbildungsplätze, die zur Verfügung stehen. Damit eine hohe Motivation der Jugendlichen und jungen Erwachsenen erreicht wird, sollen bei der Ausbildungssuche nicht nur den Belangen des Arbeitsmarktes Rechnung getragen werden, sondern unbedingt auch die Interessen der Jugendlichen zum Tragen kommen.

Im nächsten Schritt werden zusammen mit den Teilnehmenden Bewerbungsunterlagen erstellt. In einem praktischen Bewerbungstraining können sich die Teilnehmenden mit den in Deutschland üblichen Standards im Bewerbungs- und Vorstellungsprozess vertraut machen und in Simulationen und Rollenspielen sich intensiv auf die persönlichen Bewerbungsgespräche vorbereiten (ebd., S. 3f). Zur Akquise von Praktikums- und Ausbildungsstellen können die Kümmerer auf bereits vorhandene Betriebskontakte zurückgreifen, um einen Erstkontakt für die Teilnehmenden herzustellen. Bevorzugt werden kleine und mittelständige Unternehmen, da sich diese von der persönlichen Eignung eines Bewerbers/ einer Bewerberin eher überzeugen lassen und nicht den Wert von Zeugnissen in den Vordergrund stellen.

Zur erfolgreichen pädagogischen Begleitung und Betreuung der zukünftigen Auszubildenden gehört eine vertrauensvolle und stabile Beziehung zwischen den jungen Menschen und den Kümmerern. Diese ist geprägt durch Wertschätzung, Klarheit und Verbindlichkeit, sowie stets transparentes Handeln seitens der Kümmerer. Während der Ausbildung stehen die Kümmerer den Auszubildenden als verlässlicher Ansprechpartner zur Seite. Gleichzeitig finden die kooperierenden Betriebe in den Kümmerern einen verlässlichen Partner. Schon vor Beginn der Ausbildung setzen sich die Kümmerer mit den Verantwortlichen der Betriebe zusammen, um die Projektziele, die Besonderheiten der Zielgruppe sowie den Verlauf der Zusammenarbeit zu erörtern. Durch regelmäßige Betriebsbesuche und telefonischen Kontakt wird eine intensive Beziehungsarbeit gewährleistet, die es allen beteiligten Akteuren erlaubt, eine vertrauensvolle und tragfähige Basis einer erfolgreichen Zusammenarbeit zu schaffen. Vor allem in Krisen- und Konfliktsituationen kann dadurch angemessen von allen Seiten agiert werden. Im weiteren Verlauf der Ausbildung erhalten die Auszubildenden bei Bedarf Hilfe bei der Erreichung der berufsschulischen Ziele, sowie zusätzliche Hilfe beim Spracherwerb. Bei Problemlagen außerhalb der Berufsschule und Ausbildungsbetrieb können die Kümmerer auf das Netzwerk der Mitarbeitenden der Flüchtlingshilfe des CVS zugreifen und sich ggf. Beratung und Handlungskompetenzen einholen (vgl. Heimerdinger, Juwig, 2015, S. 5f).

Die zwei Beispiele sollen dem Lesenden einen Einblick geben, in welcher Art die genannten Projekte zur beruflichen Integration der Flüchtlinge beitragen. Die beschriebenen Projekte stehen stellvertretend für eine Vielzahl von Ausbildungsprojekten für die Zielgruppe Flüchtlinge im Bundesland Baden-Württemberg. Im folgenden Schaubild wird die Struktur des Weges in die Berufsausbildung für Flüchtlinge deutlich. Die Aufstellung gibt Aufschluss darüber, welche verschiedenen Kooperationspartner und Akteure den Weg der jungen Flüchtlinge in die Ausbildung ermöglichen und begleiten. Zu nennen sind hier die staatlichen Bildungsträger, wie Berufsschulen und private Bildungseinrichtungen, die Schulsozialarbeit, die Jugendberufshilfe, die die Agentur für Arbeit und die Ausländerbehörden, sowie die Industrie und Handelskammer (IHK).

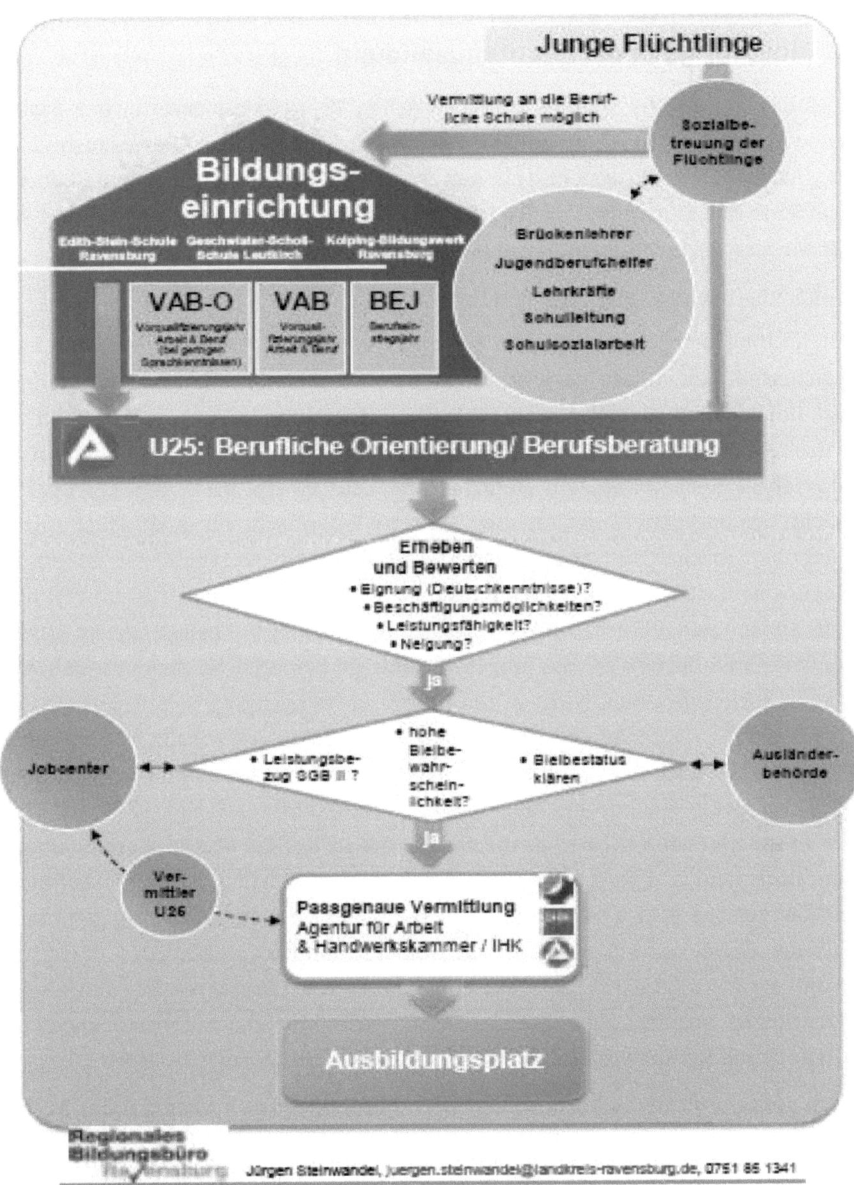

Abb. 6 (Wege der beruflichen Integration junger Flüchtlinge unter 25 Jahren)

7 Vergleich zwischen Theorie und Praxis der Lebenswelt junger Flüchtlinge in der Berufsausbildung

Im folgenden Kapitel sollen die theoretischen Voraussetzungen mit der praktischen Umsetzung in Bezug auf die jungen Flüchtlinge in der Berufsausbildung verglichen werden. Wie sieht es in der Praxis aus? Wie gestalten sich die Lebensumstände der Flüchtlinge, welche Rahmenbedingungen herrschen vor und wie können sich die beteiligte Akteure in den Ausbildungsprozess einbringen?

<u>Wohnsituation und Lebensumstände</u>

Bei der Unterbringung sind Jugendliche und junge Erwachsene, vor allem mit ungesichertem Aufenthalt, verpflichtet in Gemeinschaftsunterkünften zu wohnen (vgl. Gottschalk in Gag/Voges, 2014, S. 222). Dies stellt die jungen Menschen vor mehrere Schwierigkeiten. Oft müssen sie mit fremden Personen ihre Räumlichkeit teilen. Recherchen von Refugio München, einem Beratungszentrum für Flüchtlinge und Folteropfer, ergaben, dass die Wohnfläche für einen Flüchtling in einer Gemeinschaftsunterkunft gerade einmal 4,5 qm beträgt. Diese Lebensbedingungen machen es den jungen Auszubildenden sehr schwer, an ihrem Wohnort einen adäquaten Lernort einzurichten. Aufgrund der Vielbelegung von Unterkunftsräumen besteht für die jungen Flüchtlinge keinerlei Möglichkeit, sich zum Lernen zurückzuziehen. Nicht selten führen diese beengten Lebensverhältnisse zu psychischen Problemen (vgl. Refugio München in Gottschalk in Gag/Voges, 2014, S. 232). Auch die Lautstärke, vor allem nachts, in den Sammelunterkünften wird von vielen Flüchtlingen bemängelt. Fehlt nachts der Schlaf, ist es für viele der Auszubildenden schwer am nächsten Tag in der Berufsschule konzentriert dem Unterricht zu folgen oder dem Lehrmeister im Betrieb die nötige Aufmerksamkeit zu schenken. Es kommt immer wieder zu Gewaltausschreitungen innerhalb der Bewohnenden, so dass nicht selten die Polizei einschreiten muss (vgl. Aumüller/Bretl, 2008, S. 120). Die genannten Probleme führen bei den jungen Flüchtlingen dazu, dass sie unter Schlafmangel und Konzentrationsstörungen leiden und es ihnen schwer fällt, sich auf ihre Ausbildung zu konzentrieren.

Auch die zahlreichen Behördengänge der Auszubildenden wirken auf das Ausbildungsverhältnis ein. Durch diese versäumen die Jugendlichen oft viel Zeit im Betrieb oder in der Berufsschule. Dadurch fehlen ihnen Lernzeiten, die viele von ihnen dringend benötigen, sowie die Zeit für die praktische Umsetzung der gelernten Inhalte im Betrieb (vgl. Meyer, 2014, S.77). Ein Meister der Zahntechnik beschreibt diesen Umstand so:

> „Und was wirklich ein ganz großes Kreuz ist, das hat nichts mit der Ausbildung zu
> tun, das ist die Tatsache, er hat ständig mit irgendwelchen Ämtern und Behörden zu
> tun. Und diese Besuche, das geht dann nur vormittags, ne? In der Zeit von 9:00 bis
> 13:00 Uhr, das heißt, er ist schon wieder einen halben Tag nicht im Betrieb, weil es
> dann andauernd irgendwelche Probleme gibt und die Ämter – jedes Amt, so scheint
> es mir mittlerweile – arbeitet für sich und kein Amt arbeitet (so), dass die irgendwie
> zusammen arbeiten und Daten austauschen." (Bräuer in Meyer, 2014, S. 77)

Während der Ausbildung haben viele der jungen Flüchtlinge mit finanziellen
Schwierigkeiten zu kämpfen. Die ungenügende Unterhaltssicherung während der
Ausbildung, vor allem für Flüchtlinge in ungesicherten Aufenthaltsverhältnissen,
stellt ein großes Problem dar. Sobald ein Ausbildungsvertrag unterschrieben
wird, entfällt der Anspruch auf unterhaltssichernde Leistungen. Demgegenüber
steht die nicht gewährte staatliche Hilfe in Form von ausbildungsbegleitenden
Hilfen (abH)[3] und BAfög. Deshalb steht den Auszubildenden nur ihr Lehrlings-
gehalt zur Verfügung. Leben sie in einer eigenen Wohnung, dann ist dies völlig
unzureichend zum Bestreiten des eigenen Lebensunterhalts (vgl. Meyer, 2014, S.
76f). Viele der jungen Flüchtlinge befinden sich während ihrer Ausbildung in einer äußerst prekären finanziellen Lage, welche vorwiegend durch Ausschlussre-
gelungen in der Sozial- und Aufenthaltsgesetzgebung[4] begründet sind.

Die Migration von einer Gesellschaft in eine andere hat den Verlust des eigenen
kulturellen und sozialen Bezugssystems zur Folge. Die vertraute Umgebung wird
verlassen, genauso wie Familienmitglieder und Freunde und nicht selten das Gefühl der eigenen Identität. Dabei kann die Umorientierung in einer anderen Kultur Auslöser von psychosozialen Belastungen sein. Das Gefühl von Fremdsein bestimmt die Gefühlswelt der jungen Menschen in erheblichem Ausmaß und führt
zu großen Konzentrations- und Lernschwierigkeiten (vgl. Nagler, Lindner, 2013,
S.15). Sie treffen auf ein ihnen unbekanntes Schulsystem, sprachliche Barrieren
versperren ihnen zumindest zu Beginn den unkomplizierten Umgang mit der
neuen Gesellschaft. Die jungen Menschen begegnen unbekannten und ungewohn-

---

3   Ausbildungsbegleitende Hilfen stehen förderungsbedürftigen jungen Menschen zur Verfügung, um die Aufnahme, Fortsetzung oder den erfolgreichen Abschluss einer erstmaligen betrieblichen Berufsausbildung in anerkannten Ausbildungsberufen zu ermöglichen und um
Ausbildungsabbrüche zu verhindern (vgl. www.arbeitsagentur.de, 2015)

4   Junge Flüchtlinge mit legalem oder geduldetem befristetem Aufenthalt sind leistungsberech-
tigt nach dem Asylbewerberleistungsgesetz (AsylbLG) und haben keinen Zugang zum SGB II
und allen damit verbundenen   Leistungen der Arbeitsmarktintegration (vgl.
www.jugendsozialarbeit.de, 2014)

ten kulturellen Gepflogenheiten und haben kaum Kenntnisse über die sozialen und politischen Strukturen in Deutschland. Diese Situation befördert ein ständiges Gefühl von Fremdheit und raubt den jungen Menschen nicht selten die nötige Energie, die zur Ausübung einer Ausbildung unabkömmlich ist.

Zugang zu Bildung / Ausbildung

Das Alter, der Wohnort und die verfügbaren nötigen Informationen bestimmen den Zugang zu angemessenen Bildungsangeboten für die jungen Flüchtlinge. Dabei sind minderjährige Jugendliche im Familienverbund im Nachteil, da sie in Gemeinschaftsunterkünften leben. Gerade in den ländlichen Regionen oder in kleinen Gemeinden hängt es vom Zufall ab, ob und wann sie von Fördermöglichkeiten (Beschulung, Sprachkurse, oder Bildungsclearing für über 18 Jährige) erfahren, dementsprechend sind die Chancen einer Bildungsintegration für diese Menschen sehr erschwert (vgl. Anderson, 2016, S.12). Dagegen haben beispielsweise Flüchtlinge in größeren Städten und Kommunen einen Vorteil, da die Bildungs- und Arbeitsmarktsituation in den Städten eine ausgeprägte Infrastruktur vorweist. Schulische Angebote, Berufsvorbereitungsklassen, sowie Berufsschulen befinden sich meist in den städtischen Regionen und sind für Flüchtlinge auf dem Land nur schwer zu erreichen. Auch in den Großstädten kann der Besuch eines schulischen oder berufsbildenden Angebots bereits am nicht verfügbaren Geld für den öffentlichen Nahverkehr scheitern (vgl. Müller et al. 2014, S. 57f). Einige der Jugendlichen und jungen Erwachsene nehmen deshalb tägliche lange Fußwege in Kauf, sind auf Fahrradspenden angewiesen oder müssen sich sehr langen Fahrtzeiten aussetzen, um zu den außerschulischen Angeboten und Ausbildungsbetrieben zu gelangen. Für viele Flüchtlinge in ländlichen Unterkünften besteht keinerlei Möglichkeit, den Wohnort zu wechseln, da sie der Wohnsitzauflage unterliegen.

In einigen Bundesländern besteht zudem die Schulpflicht, die an ein bestimmtes Alter gekoppelt ist. Haben Schüler/innen ein Alter erreicht, in dem die Schulpflicht wegfällt, haben sie oft keine Möglichkeit, einen Abschluss, der sie zur Ausbildung berechtigt, zu erwerben. Die gegebenen Strukturen haben zufolge, dass durch die fehlende Schulbildung der Übergang in berufsvorbereitende Bildungsmaßnahmen und zu anderen Ausbildungswegen erheblich erschwert wird. Viele der befragten Akteure in der Studie von Müller et. al. gaben an, dass den jungen Menschen mehr Zeit zum Lernen der deutschen Sprache eingeräumt werden müsse, damit sie sich bessere Voraussetzungen für einen erfolgreichen Bildungsweg schaffen können. Die zeitlichen Grenzen in einigen Bundesländern zur Erreichung eines Schulabschlusses verlangen von den jungen Flüchtlingen außerordentliches Engagement in Bezug auf das Lernen und die Vorbereitung auf Prüfungen. Selbstfinanzierte Deutschkurse und die Hilfe von außenstehenden Akteuren/innen ermöglichen es nur wenigen, ihr Ziel eine Ausbildung zu absolvieren, zu schaffen.

Viele der Jugendlichen und jungen Erwachsenen scheitern an den starren Regeln und fühlen sich überfordert, selbständig nach Alternativlösungen zu suchen. Deshalb bleiben ein Großteil der jungen Flüchtlinge in ihrer schulischen Qualifizierung und beruflichen Ausbildungskarriere unterhalb ihrer Möglichkeiten (vgl. Müller et. al 2014, S.58).

<u>Sprachschwierigkeiten, Vorbildung und Vermittlung von ausbildungsrelevanten Inhalten</u>

Die stark unterschiedliche Vorbildung der Jugendlichen und jungen Erwachsenen und die Sprachschwierigkeiten stellen Lehrkräfte, Ausbildende und begleitende Pädagogen/innen vor eine große Herausforderung (ebd., S. 56). Die Studie von Frauke Meyer kam zu dem Schluss, dass viele Ausbilder/innen die fehlenden oder ungenügenden Deutschkenntnisse der Auszubildenden in Bezug auf die berufsschulrelevanten Anforderungen als eine wesentliche Hürde ausmachen. Die dualen Lernorte Schule und Betrieb sind von unterschiedlichen Sprachniveaus geprägt. Herrscht in den Betrieben eher das umgangssprachliche Alltagsdeutsch, so haben die jungen Flüchtlinge in der Berufsschule mit dem anspruchsvollen Schriftdeutsch zu tun (vgl. Meyer, 2014, S. 60). Viele Betriebe, in denen die jungen Menschen eine Ausbildung absolvieren, bieten eigene Lernangebote an, um den Jugendlichen und jungen Erwachsenen den Berufseinstieg zu erleichtern. Dazu gehören sowohl interne Sprachkurse als auch die Vermittlung von Fachtheorie. Auf diese Art können die Betriebe und die handelnden Pädagogen/innen die individuellen Bedarfe berücksichtigen und auf die Lebenslagen der Jugendlichen und jungen Erwachsenen anpassen (ebd., S 43). Ein Kfz-Meister in einem mittelständischen Betrieb in Hamburg beschreibt die Situation folgendermaßen:

> „[.....] Schulungszentrum, wo wir die Regelschulungen geben, wo wir Nachhilfeschulung geben, wo wir im Endeffekt dann Prüfungsvorbereitung in Theorie und Praxis machen können. Ein großer Punkt ist dabei natürlich die Nachhilfe [...]."(Volkelt in Meyer, 2014, S. 44)

Andere Betriebe nutzen auftragsärmere Zeiten um den Auszubildenden, die in der Berufsschule behandelten komplexen Thematiken, in einem Theorie-Praxis Transfer nahe zu bringen. So können die jungen Menschen sich im Betrieb mit theoretischen und praktischen Übungsaufgaben intensiv befassen (vgl. Meyer, 2014, S. 47) Dahinter steht die Auffassung, dass Nachhilfeschulungen in Verbindung mit einer an der Realität ausgerichteten Prüfungsvorbereitung den jungen Auszubildenden die Möglichkeit gibt, ihre Ausbildung erfolgreich zu absolvieren (ebd., S. 49).

Die Situation der jungen Flüchtlinge in der Berufsausbildung

Es herrscht bei den jungen Flüchtlingen eine große Bandbreite an Vorstellungen über eine Ausbildung. Manche von ihnen sind gut vernetzt und informieren sich recht früh über die verschiedenen Möglichkeiten der beruflichen Qualifizierung, andere verstehen nicht den Sinn einer Ausbildung. Haben sie in ihrem Heimatland schon im familiären Betrieb oder anderweitig mitgearbeitet, verstehen sie oft nicht, warum sie in Deutschland nochmal eine Ausbildung in diesem Beruf absolvieren sollen. Andere wiederum kommen aus gesellschaftlich höhergestellten Schichten in ihrem Heimatland und finden es unter ihrer Würde bspw. ein Handwerk zu erlernen. Mitgebrachte Wertvorstellungen erschweren teilweise die Akquise einer geeigneten Ausbildungsstelle. Oft sind die jungen Menschen auch von der Tatsache überrascht, dass sie als Praktikanten oder Auszubildende in den Betrieben an der untersten Stelle der Hierarchie stehen. Auch die langen Ausbildungszeiträume erschreckt viele der jungen Flüchtlinge. Selbst dann wenn ihnen der Sinn einer Ausbildung klar ist, stehen viele von ihnen unter dem familiären Druck, Geld verdienen zu müssen und dieses den Familien in den Herkunftsländer zukommen zu lassen oder aber auch die Notwendigkeit, Schleuserschulden bedienen zu müssen. Manche der Familien in den Herkunftsländern bezichtigen die jungen Menschen der Faulheit, wenn sie nicht schnell genug Geld verdienen (vgl. Anderson, 2016, S. 29). Der fehlende Zugang vieler Flüchtlinge zu Finanzhilfen des Staates wie Berufsausbildungsbeihilfe (BAB)[5] oder BAföG verschärft ihre finanzielle Not. Einige der Auszubildenden halten diesem Druck nicht Stand und brechen ihre Ausbildung vorzeitig ab. Anne Traub spricht hier von einem aberwitzigen integrationspolitischen Ausleseprozess, der im Ergebnis zu einem „survival of the strongest" führt. Davon sind vor allem Jugendlichen und junge Erwachsene mit ungesichertem Aufenthalt betroffen (vgl. Traub in

---

[5] Berufsausbildungsbeihilfe (BAB) wird während einer Berufsausbildung und während einer berufsvorbereitenden Bildungsmaßnahme einschließlich der Vorbereitung auf den nachträglichen Erwerb des Hauptschulabschlusses oder eines gleichwertigen Schulabschlusses durch die Agentur für Arbeit geleistet (vgl. www.arbeitsagentur.de, 2016)

www.jugendsozialarbeit.de, 2014, S. 9). Die Jugendlichen und jungen Erwachsenen stehen in einem Spannungsfeld zwischen der Notwendigkeit eine gute Ausbildung zu absolvieren, um damit ihr Verdienstpotenzial in Deutschland zu optimieren. Andererseits sollen sie die einmalige Chance, nach Europa gekommen zu sein nutzen, um möglichst schnell Geld nach Hause schicken zu können. Theilmann spricht in Andersons Studie vom Dilemma der Jugendlichen, eine ordentliche Ausbildung zu absolvieren, die mit einer erheblichen finanziellen Belastung einhergeht und gleichzeitig die Familien in der Heimat mit Geld zu versorgen. Meist stoßen die jungen Flüchtlinge auf wenig Verständnis seitens ihrer Familien bezüglich ihrer Situation. Nicht wenige der Jugendlichen und jungen Erwachsenen gehen neben der Ausbildung arbeiten, um wenigsten ein bisschen Geld nach Hause schicken zu können (vgl. Anderson, 2016, S. 29).

Nicht weniger wichtig ist das Thema der Betriebskultur in den Ausbildungsbetrieben. Rohrbach-Schmidt und Uhly sprechen in der Studie von Anderson die Situation der kleinen und mittleren Ausbildungsbetriebe an, in denen Migranten eine Seltenheit darstellen. Bundesweit sind in über zwei Dritteln der Betriebe gar keine Migranten beschäftigt (vgl. Anderson, 2016, S.30). Junge Menschen mit Migrationshintergrund, unabhängig ihres Aufenthaltsstatus, sehen sich bei der Vergabe von Ausbildungsplätzen oft der Diskriminierung ausgesetzt. Dies gilt auch für Flüchtlinge (vgl. Müller et.al. 2014, S. 69). Aufgrund des Fachkräftemangels versuchen kleine und mittlere Betriebe sich dem Thema Flüchtlinge zu öffnen. Unterstützung erhalten sie von den Industrie- und Handwerkskammern, die vor Ort Sensibilisierungs- und Aufklärungsarbeit über die besondere Zielgruppe leisten (vgl. Anderson, 2016, S.30f).

Das Thema Sprachkenntnisse ist auch im Betrieb ein Dauerbrenner. Die mündlichen Unterweisungen im betrieblichen Kontext haben den Vorteil, dass sie praxisbezogen durchgeführt werden können. Ausbilder/innen und Kollegen/innen können fachliche Inhalte berufspädagogisch praxisnah vermitteln. Das Prinzip Learning by doing gibt den Lehrlingen die Möglichkeit, durch wiederholtes Nachmachen die einzelnen Handlungsschritte zu verinnerlichen und kompetent anzuwenden. Intensive Praxisanleitung und anschaulich ergänzende Theorie erleichtern den Auszubildenden den Zugang zu ihrem Berufsbild. Viele Betriebe machen die Erfahrung, dass sich die jungen Flüchtlinge auch mit fehlenden Sprachkenntnissen gut in den Betrieb einbringen und ihre Fachkenntnisse erweitern und dadurch Anerkennung finden. Die Einbindung der Auszubildenden in den Betrieb ermöglicht den Aufbau eines Beziehungsgeflechts innerhalb des Betriebes, in dem viel auf der Beziehungsebene geklärt werden kann. Durch die Motivation und die hohe Lernbereitschaft der Jugendlichen und jungen Erwachsenen können sprachliche und fachliche Defizite ausgeglichen werden. Im Betrieb ist im Normalfall mehr Zeit für fachliche Themen vorhanden (ebd., S.36).

Dies ist in der Berufsschule nicht gegeben. Hier sind die Flüchtlinge in der Minderheit. Die Klassen sind oft groß; mit bis zu 30 Schüler/innen ist eine Klasse besetzt. Lehrkräfte müssen den äußerst umfangreichen komplexen Stoff der verschiedenen Ausbildungsberufe vermitteln. Unter Verwendung der Schriftsprache liegt die Konzentration der Vermittlung auf Fachtheorie und der Darlegung abstrakter Zusammenhänge. Fehlende Sprachkenntnisse, limitierte Zeit und die Verwendung von regionalen Dialekten einiger Fachlehrkräfte erschweren den Jugendlichen den theoretischen Zugang zu ihrem Berufsbild. Raum und Zeit für ausführliche Erklärungen ist kaum gegeben. Die jungen Flüchtlinge fühlen sich von den Anforderungen in der Berufsschule überfordert. Frontalunterricht und die Verwirrung durch Fachbegriffe erzeugen bei den Flüchtlingen oft ein Minderwertigkeitsgefühl. Sie müssen insgesamt viel mehr zusätzlich lernen während ihrer Ausbildung (vgl. Anderson, 2016, S.36).

Die Vermengung vieler Probleme stellt ein grundlegendes Hindernis für Flüchtlinge in der Berufsausbildung dar. Elementar ist für sie die Aufenthaltssicherheit. Diese erleichtert, bzw. erschwert die Ausbildungsplatzsuche. Denn nicht wenige Arbeitgeber/innen bemängeln die fehlende Planungssicherheit bei der Einstellung von Flüchtlingen in Ausbildungsverhältnisse. Dazu kommen für die Jugendlichen und jungen Erwachsenen finanzielle Schwierigkeiten der Unterhaltssicherung während der meist zwei- bis dreijährigen Ausbildungszeit (ebd., S. 36f).

<u>Lehrende und begleitende Pädagogen/innen</u>

Die erwachsenenpädagogischen Akteure befinden sich in einem Spannungsfeld zwischen dem pädagogischen Anspruch und der Wirklichkeit vor Ort.

> „[.] befinden sich pädagogisch Handelnde im Erziehungs- und Bildungssystem in dem Dilemma, in Widersprüchen agieren zu müssen zwischen der faktischen Perspektivlosigkeit im Alltag der jungen Flüchtlinge und dem pädagogischen Ziel, Zukunfts- und Entfaltungsmöglichkeiten zu entwickeln." (Behrensen, Westphal in Bohmeyer et al., 2009, S.47)

Erfolgreiches Lehren und Lernen kann nur stattfinden, wenn die berufsvorbereitenden Schulen und Berufsschulen angemessen mit ausreichend Personal, Materialien und Medien ausgestattet sind. Um der Heterogenität in den Unterrichtsklassen adäquat zu begegnen, ist eine kleine Klassengröße zuträglich. Auch der Einsatz der Sozialpädagogen/innen ist wesentlich. Sie stehen den Jugendlichen und jungen Erwachsenen als wichtige Orientierungs- und Beratungshilfe zur Seite. Sie unterstützen die jungen Menschen bei Behördengängen und bei der Integration in die sogenannte Mehrheitsgesellschaft (vgl. Arnold, 2016, S. 18). Die tatsächliche Situation der Lehrkräfte ist auf dem ersten Blick recht unübersichtlich. In den Berufsschulen arbeitet das reguläre Lehrpersonal. Bildungsmaßnahmen, die von Kooperationspartnern durchgeführt werden, wie zum Beispiel dem Internationalen Bund, der Caritas oder anderen Kooperationspartnern, stellen ihre eigenen Lehrkräfte (vorzugsweise DAZ- oder DAF-Lehrkräfte) und eigenes sozialpädagogisches Personal an. Somit wird die pädagogische Begleitung der jungen Flüchtlinge an Berufsschulen oft von den Kooperationspartnern durchgeführt, da viele Berufsschulen nicht über einen eigenen Schulsozialdienst verfügen. Diese Konstellationen bedeuten einen hohen Koordinierungsbedarf. Dadurch entstehen unterschiedlich gestaltete Arbeitsverträge mit Maßnahme-Befristungen und unterschiedliche Vergütungsmodelle. Für die betroffenen externen Lehrkräfte und begleitenden Pädagogen/innen ergeben sich daraus Planungsunsicherheiten, aber auch eine schwierige Teamarbeit vor Ort. Für die Flüchtlinge in der Beschulung bedeutet dies eine fehlende Kontinuität im Umgang mit den lehrenden und betreuenden Personen. Insgesamt sind diese unbefriedigenden, strukturellen Bedingungen verbesserungswürdig (vgl. Anderson, 2016, S. 13).

Der Umgang mit der großen Heterogenität der Lernenden stellt die Lehrkräfte vor immer wieder neue Herausforderungen. Einige der Lernenden können aufgrund ihrer Vorkenntnisse gut mit dem anspruchsvollen Lernen umgehen, andere wiederum brauchen eine elementarere Einführung in das Lehr-Lern-Prinzip. Viele der jungen Menschen müssen erst an das „Lernen-lernen" herangeführt werden. In kleinen und klaren Schritten müssen die Lehrkräfte den Lernenden die Erschließung des Lernstoffes näher bringen. Fächer wie Ethik oder Sozialkunde, die vielen der Schüler/innen unbekannt sind, gehören zum neu zu lernenden Stoff dazu. Der Fachunterricht stellt für viele Schüler/innen Neuland dar, dass sie sich erst erschließen müssen. Auch wenn sie in familiengeführten Betrieben mitgearbeitet haben, fehlen ihnen doch die Fachthemen wie beispielsweise Buchführung, bzw. andere ausbildungsrelevante Fachinhalte. Lehrkräfte müssen hier Überzeugungsarbeit leisten, dass diese fachbezogenen Themen in der deutschen dualen Ausbildung ihre berechtigte Relevanz besitzen. Das Thema der Sprachförderung

ist über den gesamten Zeitraum der Ausbildungsvorbereitung wie während der
Berufsausbildung ein Kernthema (vgl. Anderson, 2016, S. 18).

8 Fazit / Ausblick

Mit hoher Wahrscheinlichkeit wird ein großer Teil der jungen Flüchtlinge längerfristig in Deutschland bleiben. Sollte der erste Anlauf, eine Ausbildung erfolgreich zu absolvieren, nicht gelingen, könnten sie zu einem späteren Zeitpunkt in das Bildungssystem zurückkehren. Um dies zu gewährleisten, ist es wesentlich dass die Jugendlichen und jungen Erwachsenen den Wert der beruflichen Ausbildung verinnerlichten, dass sie sprachlich, sozial und kulturell Zugang zur hiesigen Gesellschaft gefunden und durch eigene Erfahrungen das deutsche Bildungssystem besser schätzen gelernt haben (vgl. Anderson, 2016, S. 32).

> „Sie sind damit die idealen Kandidaten für ein *lebenslanges Lernen*." (ebd., S. 32)

Die pädagogische Praxis und der aktuelle Forschungsstand zeigen, dass die Teilsysteme der schulischen Bildung und der betrieblichen Ausbildung noch immer Passungsprobleme aufweisen und den jungen Flüchtlingen mit ihren spezifischen Lernbedarfen sowie ihren schwierigen Lebenslagen nicht gerecht werden. Weiterhin bestehen rechtliche und strukturelle Hürden, die für viele Jugendliche und junge Erwachsene einen schwierigen Einstieg in das deutsche Ausbildungssystem darstellen. Daher verbleiben viele der jungen Flüchtlinge in einer Warteschleife, die ihnen auf Dauer den Weg in den deutschen Ausbildungs- und Arbeitsmarkt verstellt (vgl. Meyer, 2014, S. 7). Vor allem aufenthaltsrechtliche Bestimmungen erschweren den jungen Flüchtlingen den Zugang zu verschiedenen Bildungsangeboten.

Der Zugang zu Bildung und Berufsausbildung bietet den jungen Flüchtlingen die Chance, langfristig eine Perspektive für ein Leben in Deutschland zu entwickeln. Die Sprach- und Berufsausbildung erfordert von den Flüchtlingen und den pädagogischen Fachkräften Geduld und deren Anerkennung als einem langwierigen Prozess, der nicht in Kürze bewältigt werden kann. Dabei sind tragfähige und verlässliche Beziehungsstrukturen zu pädagogischen Fachkräften, Berufsschullehrkräften und Ausbilder/innen von zentraler Bedeutung für einen gelingenden Ausbildungsprozess (vgl. Gravelmann, 2016, S.148).

Mehr Investitionen in ein spezifisches Fachpersonal und die intensive Kooperation aller Akteure, wie Betreuende, Sozialpädagogen/innen, Lehrkräfte und Psychologen/innen und staatliche Akteure in Form der Ausländerbehörde und Agentur für Arbeit sind notwendig, um ein lohnendes Lernklima herzustellen und die jungen Flüchtlingen während ihres Weges zur Berufsausbildung kompetent zu begleiten (vgl. Schwaiger/Neumann in Gag, Voges, 2014, S. 74). Jugendsozialarbeit kann den jungen Flüchtlingen helfen durch intensive Vernetzung mit der Flüchtlingssozialarbeit, durch konsequente Lobbyarbeit vom kommunalen Tisch bis zur Bundesebene. (vgl. Traub in dreizehn, 2014, S. 9). Auch die soziale Integration der jungen Flüchtlinge muss gleichzeitig zur beruflichen Integration erfolgen. Durch den Austausch mit anderen Schülergruppen, mit Freizeit-, Sport- und anderen Vereinen und Initiativen können die Jugendlichen und jungen Erwachsenen Anschluss auf sozialer Ebene finden. Die Beschäftigung mit Musik, Tanz und Theater, Museen und Kultur, begleitet durch Pädagogen/innen, sowie sonstige kreative Beschäftigungen stellen weitere Berührungen mit der sogenannten Mehrheitsgesellschaft dar und können ein Miteinander auf Augenhöhe fördern. Dabei sind sämtliche Ebenen von Politik, Verwaltung und Zivilgesellschaft gefragt, wenn es darum geht, Strukturen der Aufnahme zu schaffen und die Akzeptanz in der Gesellschaft zu sichern (vgl. Anderson, 2016, S. 34).

Die Debatte um den Fachkräftemangel legt das Augenmerk bei der Berufsausbildung von jungen Flüchtlingen zu sehr auf den Nützlichkeitsfaktor. Diese Betrachtungsweise stellt sich zu einseitig dar. Das Recht auf Bildung wird dabei wesentlich arbeitsmarkt- und migrationspolitischen Konjunkturen unterworfen und steht dem humanistischen Bildungsbegriff entgegen, der Bildung mit dem Ziel verknüpft, die Persönlichkeit frei zu entfalten. Daher wäre eine bildungspolitische Betrachtungsweise der Thematik wünschenswert (vgl. Müller et. al., S.102).

Um in Zukunft möglichst vielen jungen Flüchtlingen den Zugang zur beruflichen Ausbildung zu ermöglichen, stellen folgende Eckpunkte eine wesentliche Voraussetzung dar:

- Die Verbesserung der gesetzlichen Rahmenbedingungen, die den Zugang zu Bildungseinrichtungen, die Unterstützung bei der Finanzierung von Bildung, die Bewegungsfreiheit von Flüchtlingen, sowie Bleiberechtsregelungen beinhalten (vgl. Müller et. al., S.102).

- Die Verfügbarkeit orts- und zeitnaher Orientierungs- und Bildungsangebote für junge Flüchtlinge. Sie stellen die Grundlage für ein freies, eigenverantwortliches Handeln im persönlichen, gesellschaftlichen und beruflichen Umfeld (vgl. deutscher Volkshochschulverband, 2015, S. 1).

- Eine konsequente und ständige Verbesserung der Vernetzung aller beteiligten Akteure in der beruflichen Ausbildung.

- Eine behördenübergreifende Öffnung der beteiligten Behörden für das Thema Integration.
- Die Einrichtung von Möglichkeiten der längerfristigen Begleitung im Einzelfall in Form von Coaching oder Mentoring (vgl. Müller et. al., S.102).
- Die länderübergreifende kultursensible Ausrichtung der Berufsschulen (vgl. Anderson, 2016, S. 49).

Deutschland erfährt derzeit eine zunehmende Spaltung zwischen Bürgerinnen und Bürgern, die den Flüchtlingen offen gegenüber treten und Solidarität mit ihnen einfordern, und jenen, die Ängste und Bedenken gegen die hohe Zuwanderung hegen und schüren. Es bedarf dringend von allen demokratischen Kräften einer Versachlichung der Debatte. Die Integration der Flüchtlinge stellt zweifellos eine große Herausforderung für unsere Gesellschaft dar und wird nur mit Anstrengungen gelingen. Daher darf der gesellschaftliche Dialog über die Bedeutung und über Konsequenzen der Zuwanderung für Deutschland nicht abreißen (vgl. deutscher Volkshochschulverband, 2015, S.4).

„Integration ist keine Einbahnstraße. Je besser Integration gelingt, desto mehr Menschen sind gestaltende Teile des Ganzen und äußern ihre Interessen und Bedürfnisse und verändern dadurch auch das Land." (El-Mafaalani in www.interkulturellewoche.de, S.5)

Ich bin persönlich davon überzeugt, dass die berufliche Integration von jungen Flüchtlingen gelingen kann. In meiner Arbeit habe ich viele motivierte und lernwillige junge Flüchtlinge kennengelernt. Bildung, im humanistischen Sinne gesehen, bietet dieser Zielgruppe die Möglichkeit, sich beruflich und persönlich zu entfalten. Die Ausbildung dieser jungen Menschen ist nicht nur für unsere Gesellschaft ein Zugewinn, sondern gibt ihnen auch die Chance, selbst wenn sie eines Tages wieder in ihre Heimat zurückkehren können, wollen oder müssen, sich eine berufliche Zukunft aufzubauen

Literaturverzeichnis

Ackermann, Zeno; Szczebak, Elżbieta; Auner, Carolin (Hg.) (2006). Einwanderungsgesellschaft als Fakt und Chance. Perspektiven und Bausteine für die politische Bildung ; Praxishandbuch für Schule und Jugendarbeit. Schwalbach, Ts.: Wochenschau-Verl. ([7]).

Agentur für Arbeit (2016). Ausbildungsbegleitende Hilfen (abH). Online verfügbar unter:
https://www.arbeitsagentur.de/web/content/DE/BuergerinnenUndBuerger/Ausbildung/FinanzielleHilfen/FoerderungderBerufsausbildung/Detail/index.htm?dfContentId=L6019022DSTBAI515290. Zuletzt geprüft am 15.09.2016

Agentur für Arbeit (2016). Berufsausbildungsbeihilfe. Online verfügbar unter:
https://www.arbeitsagentur.de/web/content/DE/BuergerinnenUndBuerger/Ausbildung/FinanzielleHilfen/Berufsausbildungsbeihilfe/Detail/index.htm?dfContentId=L6019022DSTBAI485769. Zuletzt geprüft am 15.09.2016

Anderson, Philip (2016). „Lass mich endlich machen!" Eine Strategie zur Förderung in der beruflichen Bildung für junge berufsschulpflichtige Asylbewerber und Flüchtlinge (BAF). Hg. Landeshauptstadt München. Referat für Bildung und Sport. Presse und Kommunikation. München. Online verfügbar unter: http://www.pi-muenchen.de/fileadmin/download/aktuelles/Brosch_Anderson_final.pdf. Zuletzt geprüft am 09.08.2016

Arnold, Rolf; Gómez Tutor, Claudia (2007). Grundlinien einer Ermöglichungsdidaktik. Bildung ermöglichen - Vielfalt gestalten. 1. Aufl. Augsburg: ZIEL.

Arnold, Rolf ; Nolda, Sigrid; Nuissl, Ekkehard; (Hg.) (2010). Wörterbuch Erwachsenenbildung. 2., überarb. Aufl. Bad Heilbrunn: Klinkhardt (8425).

Asylgesetz (AsylG) (2016). Online verfügbar unter: https://www.gesetze-im-internet.de/bundesrecht/asylvfg_1992/gesamt.pdf. Zuletzt geprüft am 11.05.2016

Aumüller, Jutta; Bretl, Carolin (2008). Die kommunale Integration von Flüchtlingen in Deutschland. Lokale Gesellschaften und Flüchtlinge: Förderung von sozialer Integration. Hg. v. Berliner Institut für Vergleichende Sozialforschung. Berliner Institut für Vergleichende Sozialforschung. Berlin. Online verfügbar unter: http://www.desi-sozialforschung-berlin.de/wp-content/uploads/Kommunale_Integration_von_Fluechtlingen.pdf. Zuletzt geprüft am 13.03.2016.

AVP Zertifizierung GmbH (2016). AZAV-Maßnahmenzulassung. Online verfügbar: unter http://apv-zert.de/azav-massnahmenzulassung/. Zuletzt geprüft am 09.08.2016

Baden-Württemberg.de (2016). Ministerium fördert Stellen zur Integration von Flüchtlingen in Ausbildung. Online verfügbar unter: https://www.baden-wuerttemberg.de/de/service/presse/pressemitteilung/pid/foerderung-von-stellen-zur-integration-von-fluechtlingen-in-ausbildung/. Zuletzt geprüft am 09.08.2016

Baumert, Jürgen; Cortina, Kai S. (Hg.) (2003). Das Bildungswesen in der Bundesrepublik Deutschland. Strukturen und Entwicklungen im Überblick. Vollständig überarbeitete und erweiterte Neuausg. Reinbek bei Hamburg: Rowohlt.

Bennecke, Doris; Würfel, Walter (2014). Jungen Flüchtlingen Bildung und Ausbildung sichern! Forderungen der Jugendsozialarbeit zur Verbesserung der Situation junger Menschen ohne langfristig gesicherten Aufenthalt in Deutschland. Positionspapier vom Kooperationsverbund Jugendsozialarbeit. Online verfügbar unter: http://www.jugendsozialarbeit.de/media/raw/KV_Positionspapier_Junge_Fluechtlinge_Juni_14.pdf. Zuletzt geprüft am 23.09.2016

Böhm, Maya; Decker, Oliver; Frommer, Jörg (2014). Schwerpunktthema: Politische Traumatisierung. In Zeitschrift »psychosozial« S. 3-9. Psychosozial-Verlag. Gießen. Online verfügbar unter: http://www.psychosozial-verlag.de/pdfs/leseprobe/8116.pdf. Zuletzt geprüft am 14.05.2016

Bohmeyer, Axel; Krappmann, Lothar; Kurzke-Maasmeier, Stefan; Lob-Hüdepohl, Andreas (Hg.) (2009). Bildung für junge Flüchtlinge - ein Menschenrecht. Erfahrungen, Grundlagen und Perspektiven. Bielefeld: Bertelsmann (7).

Bundesamt für Migration und Flüchtlinge (April 2016) a. Aktuelle Zahlen zu Asyl. Online verfügbar unter: https://www.bamf.de/SharedDocs/Anlagen/DE/Downloads/Infothek/Statistik/Asyl/aktuelle-zahlen-zu-asyl-april-2016.pdf?__blob=publicationFile. Zuletzt geprüft am 06.10.2016

Bundesamt für Migration und Flüchtlinge (2016) b. Anerkennung und Integration. Online verfügbar unter: https://www.bmbf.de/de/fluechtlinge-durch-bildung-integrieren-1944.html. Zuletzt geprüft am 12.05.2016

Bundesministerium für Migration und Flüchtlinge (2016) c. FAQ: Integrationskurse für Asylbewerber. Online verfügbar unter: http://www.bamf.de/DE/Infothek/FragenAntworten/IntegrationskurseAsylbewerber/integrationskurse-asylbewerber-node.html. Zuletzt geprüft am 21.08.2016

Bundesamt für Migration und Flüchtlinge (2016) d. Verteilung der Asylbewerber. Online verfügbar unter: http://www.bamf.de/DE/Migration/AsylFluechtlinge/Asylverfahren/Verteilung/verteilung-node.html. Zuletzt geprüft am 12.05.2016

Bundeszentrale für politische Bildung (2015) a. Asyl- und Aufenthaltsrechtsreformen beschlossen. Online verfügbar unter: http://www.bpb.de/gesellschaft/migration/newsletter/197873/asylrechtsreform. Zuletzt geprüft am 19.05.2016

Bundeszentrale für politische Bildung (2015) b. Flucht und Asyl: Aktuelle Zahlen und Entwicklungen. Online verfügbar unter: http://www.bpb.de/apuz/208003/aktuelle-zahlen-und-entwicklungen. Zuletzt geprüft am 19.05.2016

Bylinski, Ursula (2014). Gestaltung individueller Wege in den Beruf. Eine Herausforderung an die pädagogische Professionalität. Bielefeld: Bertelsmann.

Deutscher Bundestag (2016). Gesetzentwurf der Bundesregierung. Entwurf eines Integrationsgesetzes. Drucksache 18/8829.vom 20.06.2016. Online verfügbar unter: http://dip21.bundestag.de/dip21/btd/18/088/1808829.pdf. Zuletzt geprüft am 02.08.2016

Deutsches Institut für Urbanistik (2015). Difu-Berichte 2/2015 - Perspektivenwechsel im Umgang mit Flüchtlingen. Von der Sondersituation zum kommunalen Alltag. Online verfügbar unter: http://www.difu.de/publikationen/difu-berichte-22015/perspektivenwechsel-im-umgang-mit-fluechtlingen-von-der.html. Zuletzt geprüft am 19.05.2016

Deutsches Jugendinstitut e. V. (2014). Impulse-Bulletin des Deutschen Jugendinstituts. Ausgabe 1/2014 (Über)Leben-Die Probleme junger Flüchtlinge in Deutschland. München. Online verfügbar unter: http://www.dji.de/fileadmin/user_upload/bulletin/d_bull_d/bull105_d/DJI_1_14_WEB.pdf. Zuletzt geprüft am 19.05.2016

Deutscher Volkshochschulverband (2015). Bildungsoffensive für Flüchtlinge. Volkshochschulen als kommunale Zentren für Integration stärken. Online verfügbar unter: https://www.dvv-vhs.de/fileadmin/user_upload/1_Startseite/Positionspapier_Bildungsoffensive_fuer_Fluechtlinge_2_2_.pdf Zuletzt geprüft am 05.10.2016

Die Bundesregierung (2016) a. Fragen und Antworten: Flucht und Asyl - Fragen zum Thema "Was muss ich über Flüchtlinge wissen?". Online verfügbar unter: https://www.bundesregierung.de/Webs/Breg/DE/Themen/Fluechtlings-Asylpolitik/4-FAQ/_function/Fluechtlings-Asylpolitik-FAQ.html?view=pdf&view=pdf. Zuletzt geprüft am 21.08.2016

Die Bundesregierung (2015) b. Gesetzespaket in Kraft getreten/Effektive Verfahren, frühe Integration. Online verfügbar unter: https://www.bundesregierung.de/Content/DE/Artikel/2015/10/2015-10-15-asyl-fluechtlingspolitik.html. Zuletzt geprüft am 19.05.2016

Die Bundesregierung (2016) c. Grünes Licht im Bundesrat. Integrationsgesetz setzt auf Fördern und Fordern. Online verfügbar unter: https://www.bundesregierung.de/Content/DE/Artikel/2016/05/2016-05-25-integrationsgesetz-beschlossen.html. Zuletzt geprüft am 02.08.2016

Dreizehn-Zeitschrift für Jugendsozialarbeit. Nr.12. (2014). herausgegeben vom Kooperationsverbund Jugendsozialarbeit. Online verfügbar unter:http://www.jugendsozialarbeit.de/media/raw/Dreizehn_Heft12_WEB.pdf. Zuletzt geprüft am 18.05.2015

Enders, Stefan; Genders, Sacha; Henseler, Andreas; Körner, Julia; Thiel, Eike (2015). Flüchtlinge in Ausbildung und Beschäftigung bringen-Leitfaden für Unternehmer. IHK-Arbeitsgemeinschaft Rheinland-Pfalz. Online verfügbar unter: http://www.ihk-arbeitsgemeinschaft-rlp.de/blob/agpfalz/servicemarken/presse/Aktuelle_Pressemitteilungen/downloads/2758120/47d4a033e3da571cdec0ece302a13f1f/Leitfaden-fuer-Unternehmer-Fluechtlinge-in-Ausbildung-data.pdf. Zuletzt geprüft am 18.05.2016

Engels, Dietrich (2008). Artikel „Lebenslagen" in: B. Maelicke (Hrsg.), Lexikon der Sozialwirtschaft, Nomos-Verlag Baden-Baden 2008, S. 643-646. Online verfügbar unter: http://www.isg-institut.de/download/Artikel%20Lebenslagen.pdf. Zuletzt geprüft am 19.05.2016

Europäischer Sozialfond (2014). Aktualisierung des Leitfadens zu Arbeitsmarktzugang und Förderung für Flüchtlinge. Online verfügbar unter: http://www.esf.de/portal/SharedDocs/PDFs/DE/Sonstiges/leitfaden-arbeitsmarktzugang.pdf?_blob=publicationFile&v=4. Zuletzt geprüft am 18.05.2016

Berufsbildung-Zeitschrift (2016). Flüchtlinge und Berufsbildung – berufsbildung. Zeitschrift für Praxis und Theorie in Betrieb und Schule 70. (158). Detmold: Eusl-Verlagsgesellschaft mbH.

Flüchtlingsrat Baden-Württemberg (2016). Zusammenfassung der flüchtlingspolitischen Themen im Entwurf des Koalitionsvertrags ...engagiert für eine menschliche Flüchtlingspolitik. Online verfügbar unter: http://fluechtlingsrat-bw.de/informationen-ansicht/zusammenfassung-der-fluechtlingspolitischen-themen-im-entwurf-des-koalitionsvertrags.html. Zuletzt geprüft am 12.02.2016

Fouda, Fadia; Kadur, Monika (2005). Flüchtlingsfrauen – Verborgene Ressourcen. Deutsches Institut für Menschenrechte. German Institute for Human Rights. Berlin. Online verfügbar unter: http://www.institut-fuer-menschenrechte.de/fileadmin/user_upload/Publikationen/Studie/studie_fluechtlingsfrauen_verborgene_ressourcen.pdf. Zuletzt geprüft am 21.05.2016

Fritz, Florian; Groner, Frank (Hg.) (2004). Wartesaal Deutschland. Ein Handbuch für die soziale Arbeit mit Flüchtlingen. Stuttgart: Lucius und Lucius (Bd. 6).

Gag, Maren (Hg.) (2014): Inklusion auf Raten. Zur Teilhabe von Flüchtlingen an Ausbildung und Arbeit. Münster [u.a.]: Waxmann (10).

Gesemann, Frank; Roth, Roland (Hg.) (2008). Lokale Integrationspolitik in der Einwanderungsgesellschaft. Migration und Integration als Herausforderung von Kommunen. 1. Aufl. Wiesbaden: VS Verlag für Sozialwissenschaften.

Gravelmann, Reinhold (2016). Unbegleitete minderjährige Flüchtlinge in der Kinder- und Jugendhilfe. Orientierung für die praktische Arbeit. München, Basel: Ernst Reinhardt Verlag.

Gesetz über den Aufenthalt, die Erwerbstätigkeit und die Integration von Ausländern im Bundesgebiet (Aufenthaltsgesetz - AufenthG) (2016). Online verfügbar unter: https://www.gesetze-im-internet.de/bundesrecht/aufenthg_2004/gesamt.pdf. Zuletzt geprüft am 11.05.2016

Grundgesetz (2013). Grundgesetz für die Bundesrepublik Deutschland. Stand Juli 2012. Hg. Bundeszentrale für politische Bildung. Bonn.

Gutmann, Martin; Vukmirovic, Branka; Feller, Annina; Reinmann Esther; Naef, Brigitte (2008). Bericht Integrationsprojekte 2007 für vorläufig Angenommene und Flüchtlinge. Hg. v. Bundesamt für Migration. Direktionsbereich Arbeit, Integration und Bürgerrecht AIB, Sektion Sonderabgabe und Darlehen, Sektion Integration. Schweiz. Online verfügbar unter: https://www.sem.admin.ch/dam/data/sem/integration/berichte/va-flue/ber-integrproj-2007-d.pdf. Zuletzt geprüft am 13.03.2016.

Heimerdinger, Edgar; Juwig, Eckhardt (2015). Integration durch Ausbildung – Perspektive für Flüchtlinge. Kümmerer. Caritasverband für Stuttgart e.V. Stuttgart. Interne Publikation

Kalkmann, Michael (2015). Basisinformationen für die Beratungspraxis Nr. 1: Das Asylverfahren in Deutschland. Hg. Informationsverbund Asyl und Migration e.V., Berlin. Zuerst erschienen im Asylmagazin, Zeitschrift für Flüchtlings- und Migrationsrecht, 7–8/2015. Online verfügbar unter: http://www.asyl.net/fileadmin/user_upload/redaktion/Dokumente/Publikationen/Basisinformationen/Basisinf1.pdf. Zuletzt geprüft am 21.05.2015

Koalitionsvertrag zwischen BÜNDNIS 90/DIE GRÜNEN Baden-Württemberg und der CDU Baden-Württemberg 2016 – 2021 (2016). Online verfügbar unter: https://www.baden-wuerttemberg.de/fileadmin/redaktion/dateien/PDF/160509_Koalitionsvertrag_B-W_2016-2021_final.PDF. Zuletzt geprüft am 17.05.2016

Kubilay, Saliha (2016). Ablauf des deutschen Asylverfahrens. Ein Überblick über die einzelnen Verfahrensschritte und rechtlichen Grundlagen. Hg. Bundesamt für Migration und Flüchtlinge. Nürnberg. Online verfügbar unter: https://www.bamf.de/SharedDocs/Anlagen/DE/Publikationen/Broschueren/das-deutsche-asylverfahren.pdf?__blob=publicationFile. Zuletzt geprüft 23.09.2016

Landeshauptstadt München (2013). Flüchtlinge an bayerischen Berufsschulen. Neue Bildungsangebote- und perspektiven. Dokumentation der Fachveranstaltung vom 24.Juni 2013 in Nürnberg. Online verfügbar unter: http://www.muenchen.info/soz/pdf/LHM_FIBA_2014_06_24_fachtag.pdf. Zuletzt geprüft am 21.05.2016

Landeszentrale für politische Bildung Baden-Württemberg (2016). Flüchtlinge in Deutschland. Online verfügbar unter: http://www.lpb-bw.de/fluechtlingsproblematik.html#c24484. Zuletzt geprüft am 14.05.2016

Meyer, Frauke (2014). „Das ist für uns schon ein Experiment" Erfahrungen von Ausbilderinnen und Ausbildern mit jungen Flüchtlingen in der der dualen Ausbildung. passage gGmbH u. FLUCHTort Hamburg Plus in Kooperation mit der Universität Hamburg. Online verfügbar unter: http://www.fluchtort-ham-burg.de/fileadmin/pdf/2015/passage_FOH_2014_Broschuere_Web.pdf. Zuletzt geprüft am 18.05.2016

Ministerium für Kultus, Jugend und Sport des Landes Baden-Württemberg (2015). Leitfaden zur Einführung in das VABO-Vorqualifizierungsjahr Arbeit/Beruf mit Schwerpunkt Erwerb von Deutschkenntnissen (VABO). Online verfügbar unter: http://wiki.moocit.de/images/6/6b/Leitfaden_VABO_aktuelle_Version.pdf. Zuletzt geprüft am 09.08.2016

Müller, Doreen; Nägele, Babara; Petermann, Fanny (2014). Jugendliche in unsicheren Aufenthaltsverhältnissen im Übergang Schule-Beruf. Hg. Zoom – Gesellschaft für prospektive Entwicklungen e.V. Göttingen. Online verfügbar unter: http://www.frsh.de/fileadmin/beiboot/BB13/BB-13-12-Anlage.pdf. Zuletzt geprüft am 02.08.2016

Ökumenischer Vorbereitungsausschuss zur Interkulturellen Woche (2015). Vielfalt. Das Beste gegen Einfalt. Interkulturelle Woche 2015. Frankfurt M. Online verfügbar unter: http://www.interkulturellewoche.de/sites/default/files/hefte/pdf/materialh eft_zur_ikw_2015_druckfassung.pdf. Zuletzt geprüft am 23.09.2016

Öztürk, Halit (Hg.) (2014). Migration und Erwachsenenbildung. Unter Mitarbeit von Sara Reiter und Daniela Schuldes. Bielefeld: Bertelsmann.

Parylak, Sven (2015). JuFA – Fit in den Beruf. Projektaufruf: Junge Flüchtlinge in Ausbildung. Caritas Region Stuttgart. Esslingen. Interne Publikation

Robak, Steffi (2015). Angebotsentwicklung für Flüchtlinge-Rahmenbedingungen und Strukturen der Bildungsarbeit mit Asylsuchenden in EB Erwachsenenbildung 04/2015 Willkommens-Bildung. Erscheinungsjahr: 2015. Seiten 10 – 13. Online verfügbar unter: https://ec.europa.eu/epale/sites/epale/files/angebotsentwicklung_fluec htlinge.pdf. Zuletzt geprüft am 21.05.2016

Schroeder, Joachim; Thielen, Marc (2009). Das Berufsvorbereitungsjahr. Eine Einführung. Stuttgart: Kohlhammer.

Speer, Marc; Klaus, Tobias (2015). Der lange Weg zur Arbeit .Qualitative Studie zu räumlichen Möglichkeiten und Hindernissen einer Partizipation von Flüchtlingen am Arbeitsmarkt am Beispiel von vier Standorten in Niederbayern. Herausgeber: Bleib! in Bayern, Projekt des Bayerischen Flüchtlingsrats. München. Online verfügbar unter: http://fluechtlingsrat-bw.de/files/Dateien/Dokumente/INFOS%20-%20Sozialleistungen/2016-04%20Der%20lange%20Weg%20zur%20Arbeit%20bfr-Bleib%20in%20Bayern.pdf. Zuletzt geprüft am 12.05.2016

Tippelt, Rudolf (Hg.) (2009). Handbuch Erwachsenenbildung, Weiterbildung. 3., überarb. und erw. Aufl. Wiesbaden: VS, Verl. für Sozialwiss.

UNHCR. The UN Refugee Agency (1954/1967). Abkommen über die Rechtsstellung der Flüchtlinge vom 28. Juli 1951. Protokoll über die Rechtsstellung der Flüchtlinge vom 31. Januar 1967. Online verfügbar unter: http://www.unhcr.de/fileadmin/user_upload/dokumente/03_profil_begriffe/genfer_fluechtlingskonvention/Genfer_Fluechtlingskonvention_und_New_Yorker_Protokoll.pdf. Zuletzt geprüft am 21.05.2016

Weiser, Babara (2013). In Beilage zum ASYLMAGAZIN 11/2013. Herausgeber Informationsverbund Asyl und Migration e.V. Berlin. Online verfügbar unter: http://www.asyl.net/fileadmin/user_upload/redaktion/Dokumente/Publikationen/RechtBildung_2104druck.pdf. Zuletzt geprüft am 21.05.2016

Wirtschaftsministerium BW (2015). „Integration durch berufliche Ausbildung - Perspektiven für Flüchtlinge" Gemeinsame Erklärung der Partner des Ausbildungsbündnisses Baden-Württemberg in Ergänzung des am 21. Juli 2015 geschlossenen Bündnisses zur Stärkung der beruflichen Ausbildung und des Fachkräftenachwuchses in Baden-Württemberg 2015 – 2018 anlässlich des Spitzengesprächs für Ausbildung am 11. November 2015. Online verfügbar unter: https://mfw.baden-wuerttemberg.de/fileadmin/redaktion/m-mfw/intern/Dateien/Downloads/Arbeiten_und_Leben/Berufliche_Bildung/gemeinsame_Erkl%C3%A4rung_11.11._Integration_durch_Ausbildung.pdf. Zuletzt geprüft am 17.05.2016